"十四五"职业教育国家规划教材

互联网+珠宝系列教材

教育部职业教育宝玉石鉴定与加工专业教学资源库系列教材

钻石鉴定及分级

ZUANSHI JIANDING JI FENJI

张晓晖　王　卉　廖任庆　郭　杰　编著

中国地质大学出版社
ZHONGGUO DIZHI DAXUE CHUBANSHE

图书在版编目(CIP)数据

钻石鉴定及分级/张晓晖等编著.—武汉:中国地质大学出版社,2019.5(2023.7重印)
ISBN 978-7-5625-4554-5

Ⅰ.①钻…
Ⅱ.①张…
Ⅲ.①钻石-鉴定-高等学校-教材 ②钻石-分级-高等学校-教材
Ⅳ.①TS933.21

中国版本图书馆 CIP 数据核字(2019)第 080007 号

钻石鉴定及分级		张晓晖 等编著
责任编辑:龙昭月	总策划:张 琰 阎 娟	责任校对:徐蕾蕾
出版发行:中国地质大学出版社(武汉市洪山区鲁磨路388号)		邮政编码:430074
电 话:(027)67883511	传 真:(027)67883580	E-mail:cbb@cug.edu.cn
经 销:全国新华书店		http://cugp.cug.edu.cn
开本:787毫米×1092毫米 1/16	字数:312千字	印张:13.5
版次:2019年5月第1版		印次:2023年7月第3次印刷
印刷:武汉中远印务有限公司		印数:4501—7500册
ISBN 978-7-5625-4554-5		定价:58.00元

如有印装质量问题请与印刷厂联系调换

前　言

原著《钻石分级与营销》作为北京市高等教育的精品教材，自2011年出版以来一直受到国内相关院校和广大社会学习者的欢迎。现在此书的基础上，按照最新的国家标准《钻石分级》（GB/T 16554—2017），并结合"教育部职业教育宝玉石鉴定与加工专业教学资源库"的建设成果进行修订再版。

本书分为4个模块：钻石概述、钻石的基本特征及鉴别、钻石的4C分级和钻石贸易。本书注重理论与实践一体，内容循序渐进，重点对专业技能进行强化训练，从而提高从业人员的职业素质，规范从业人员的操作要求。本书充分利用数字化建设成果与"互联网＋"的优势，通过在智慧职教网（www.icve.com.cn/zgzbys）建设标准化课程，实现本书全部资源的数字化、网络化，并择取课程重点资源和优势资源，在书中插入二维码，学习者可利用智能移动终端扫描二维码即时观看和学习，实现互动式教学，突破课堂界限，推进全时空学习。

本书面向全国院校珠宝专业的学习者，以珠宝行业鉴定领域中钻石鉴定与分级的职业活动为研究对象，结合钻石鉴定与分级岗位的知识、技能、素质要求，围绕钻石鉴定与分级的岗位核心能力，深入浅出，突出实践性、知识性、趣味性，融入了"学习目标""知识链接""特别提示""练一练"等内容学习单元，旨在提升珠宝专业学习者的职业素质和技能。本书可以作为职业院校珠宝专业的教材，也可作为珠宝爱好者的专业阅读资料。

在本书的编写过程中，王卉老师对全书的结构进行了重新梳理，融入了《钻石分级》（GB/T 16554—2017）的修订内容，并把重点和难点以二维码形式在书中标注。我们也有幸邀请到了深圳技师学院廖任庆老师和郭杰老师的加盟，为本书提供了丰富、翔实的资料和宝贵的建议，在此由衷地表示感谢。同时，也感谢蔡婷婷、肖楚君、云梦茹、曹子涵在此书编写过程中付出的努力。

由于笔者水平有限，书中不当之处在所难免，恳望读者给予批评指正。

编著者

2019年3月于北京

目 录

模块一 钻石概述 ……………………………………………………………… (1)

  单元一 钻石的形成与产出 ……………………………………………………… (3)

    任务一 钻石的形成认知 ………………………………………………………… (3)

    任务二 钻石的产出矿床类型 …………………………………………………… (4)

  单元二 钻石的获得 ……………………………………………………………… (11)

    任务一 钻石的开采 ……………………………………………………………… (11)

    任务二 钻石的分选和回收 ……………………………………………………… (17)

    任务三 钻石的切磨 ……………………………………………………………… (19)

模块二 钻石的基本特征及鉴别 ……………………………………………… (27)

  单元三 钻石的基本特征 ………………………………………………………… (29)

    任务一 钻石的化学成分及分类 ………………………………………………… (29)

    任务二 钻石的结晶学特征 ……………………………………………………… (32)

    任务三 钻石的光学性质 ………………………………………………………… (36)

    任务四 钻石的力学性质 ………………………………………………………… (41)

    任务五 钻石的其他性质 ………………………………………………………… (44)

  单元四 钻石的鉴别 ……………………………………………………………… (46)

    任务一 钻石及其仿制品的鉴别 ………………………………………………… (46)

    任务二 钻石与合成钻石的鉴别 ………………………………………………… (62)

    任务三 钻石及其优化处理品的鉴别 …………………………………………… (67)

模块三　钻石的 4C 分级 ……………………………………………………………（79）

单元五　钻石的颜色分级 ………………………………………………………（81）
　　任务一　无色透明—浅黄色系列钻石的颜色分级 ……………………………（82）
　　任务二　彩色系列钻石的颜色分级 ……………………………………………（91）

单元六　钻石的净度分级 ………………………………………………………（96）

单元七　钻石的切工分级 ………………………………………………………（115）
　　任务一　标准圆钻型钻石的切工及评价 ………………………………………（115）
　　任务二　"八心八箭"钻石的切工及评价 ……………………………………（147）
　　任务三　花式切工钻石的切工及评价 …………………………………………（150）
　　任务四　切工对钻石价格的影响 ………………………………………………（151）

单元八　钻石质量 …………………………………………………………………（154）
　　任务一　钻石质量的单位 ………………………………………………………（155）
　　任务二　钻石的称量 ……………………………………………………………（156）
　　任务三　钻石的质量分级 ………………………………………………………（159）

单元九　镶嵌钻石分级规则 ……………………………………………………（161）

单元十　钻石分级证书 …………………………………………………………（165）

模块四　钻石贸易 ……………………………………………………………………（175）

单元十一　钻石的流通 …………………………………………………………（177）

单元十二　钻石的价格 …………………………………………………………（182）
　　任务一　钻石的价格体系 ………………………………………………………（182）
　　任务二　《钻石行情报价表》的使用 …………………………………………（183）

主要参考文献 …………………………………………………………………………（190）

附录一　常见钻石内、外部特征类型 ……………………………………………（191）

附录二　镶嵌钻石分级规则 …………………………………………………（193）

附录三　比率分级表 ………………………………………………………（194）

附录四　钻石建议克拉质量表 ……………………………………………（206）

模块一
钻石概述

钻石的矿物名称为金刚石,又称金刚钻。其英文名称"diamond"来源于希腊文"adamas",意为最不可征服。

人类利用钻石已有悠久的历史。早在古代,人们就相信钻石有神奇的力量,因而佩戴它就成了勇敢和坚强的象征。人们还把钻石戒指作为定婚和结婚的信物,相信它能给人带来幸福。国际宝石界也普遍把钻石定为4月份生辰石,作为纯洁无瑕的象征。在古代,钻石是权力地位的象征。著名的"非洲之星"(Cullinan-1钻石)就被镶嵌在英国国王的权杖上,用以象征至高无上的权力。

钻石概述 **模块一**

单元一　钻石的形成与产出

学习目标

知识目标：了解世界钻石的资源分布特点，掌握钻石形成过程和矿床类型。

能力目标：能够根据钻石的产出过程判断其矿床类型；能够描述国内外主要的钻石产地。

任务一　钻石的形成认知

一、地球的内部活动

形成钻石的物质来源于地球地幔中的含碳物质。地幔位于莫霍面以下、古登堡面（深2885km）以上的中间部分，其厚度约2850km，占地球总体积的82.3%，占地球总质量的67.8%，是地球的主体部分，主要由固态物质组成。但上地幔上部存在一个软流圈（约从70km延伸到250km），软流圈的温度可达700～1300℃，接近超基性岩在该压力下的熔点温度，因此，一些易熔组分或熔点偏低的组分开始发生熔融，熔融物质散布于固态物质之间，使软流圈具较强的塑性或流动性。在上地幔的高温、高压环境中，含碳物质转化成钻石，处于上地幔软流圈环境中的含钻石晶体以每年几厘米的速度循环流动。伴随着这种运动，部分较热的地幔物质朝地球表面上升，较为刚性的地幔则连同一些薄的洋壳向下俯冲。

在这种拉张或挤压作用下，固体岩石圈开始移动及破裂，这时可能会发生地震或火山喷发。当来自地幔的含钻火山熔岩从地球深部上升至地表时，便将深部形成的钻石带到地表浅层，并赋存于冷却的熔岩中。这样，我们就可以在冷却的岩石中找到原生钻石矿床。

知识链接

地幔厚度约为2900km，由高温晶质富镁岩石组成。碳（C）是地幔岩的组成元素之一，在地幔岩和上覆地壳不断的循环运动过程中从地球表面和海床运移而来，是形成钻石主要的物质来源。

二、钻石的形成条件

科学家们对来自世界不同矿山钻石及其原生包裹体矿物的研究发现,钻石的形成条件一般为压力 4.5~6.0GPa(相当于 150~200km 的深度),温度 1100~1500℃。从理论上说,钻石可形成于地球历史的各个时期,而目前所开采的矿山中,大部分钻石主要形成于 33 亿年前及 12~17 亿年前这两段时期。

知识链接

钻石的形成是一个漫长的历史过程,这从钻石主要出产于地球上古老的稳定大陆地区可以证实。另外,地外星体撞击地球产生瞬间的高温、高压,也可形成钻石,如 1988 年苏联科学院报道在陨石中发现了钻石,但这种作用形成的钻石并无经济价值。

请将钻石形成的条件与相应的参数、单位连线。

形成时的深度	4.5~6.0	℃
形成时的压力	150~200	亿年前
形成时的温度	33;12~17	GPa
形成时期	1100~1500	km

任务二　钻石的产出矿床类型

一、钻石的产出矿床类型

钻石的产出矿床类型主要有原生矿床和次生矿床。钻石富集在最初停留地并达到一定规模时,称为钻石原生矿床;含有钻石的岩石在自然条件下风化,钻石残留在山坡、河流、海岸中并富集形成的矿床,称为钻石次生矿床。

1. 钻石原生矿床

钻石原生矿床大多数是金伯利岩含钻石岩筒矿床(图 1-1)和某些火山口充填物及岩床和岩墙中的矿床。其类型主要为金伯利岩型,其次为钾镁煌斑岩型。

1)金伯利岩型

金伯利岩是最常见的含钻石岩浆岩,通常起源于上地幔 150km 深度以下的超基性钾质岩浆岩。其主要矿物组成为橄榄石、斜方辉石、单斜辉石和金云母。其常见特征指示矿物为

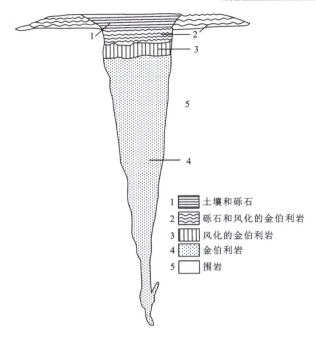

图 1-1　金伯利岩岩筒示意图

1　土壤和砾石
2　砾石和风化的金伯利岩
3　风化的金伯利岩
4　金伯利岩
5　围岩

镁铝榴石、铬透辉石、镁钛铁矿、铬尖晶石等，可含或可不含金刚石。

目前，世界上已知的金伯利岩岩筒有 1000 个左右，我国仅在山东蒙阴和辽宁复县等地区的少数金伯利岩岩筒中含有较高品位的金刚石，具有开采价值。

知识链接

从 1870 年在南非发现第一个金伯利岩岩筒（图 1-2）以来，世界上已找到 5000 多个金伯利岩岩体，其中 1000 多个（约占总数的 1/5）为岩筒，其余为岩墙、岩床、岩脉等产状。在这 5000 多个金伯利岩体中，含金刚石的约占 50%，而具有经济意义、开采价值的则更少，仅占 5%～10%。

2）钾镁煌斑岩型

钾镁煌斑岩是除金伯利岩之外，唯一的含钻石的岩浆岩。

图 1-2　著名的南非金伯利岩岩筒

钾镁煌斑岩的主要矿物组成为橄榄石、透辉石、富钛金云母、碱性角闪石、白榴石。其特征指示矿物为钾碱镁闪石、红柱石、钙钛矿、镁铁钛矿、钾钡石等。

2. 钻石次生矿床

钻石次生矿床是指通过外动力地质作用对原生钻石矿床进行风化、剥蚀、冲积、搬运、沉积等所形成的钻石矿床(图1-3)。次生矿床大多为砂矿,根据砂矿的形成时期,可将它分为古代砂床和现代砂床两种类型。

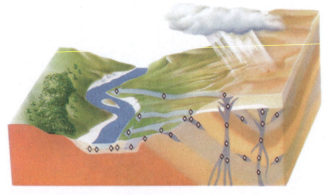

图1-3 钻石次生矿床的形成示意图

大多数砂矿是冲积成因的,也有一些残积的、海成的和沙滩砂矿。当然砂矿中的钻石含量取决于其母岩中的钻石含量。

河水在转弯岸内侧的流速缓慢,密度较大的矿物优先在这里大量沉淀,或在水流量减少处富集。在几百万年时间里,钻石可以被河流反复地搬运很远的距离。

钻石具有硬度高、耐磨损的特点,在河流和冰川搬运的自然条件下几乎是不会损坏的,因此,砂矿钻石的品质大多要优于从岩筒中开采出来的钻石。

观察以下钻石在河道中被搬运的示意图,想一想钻石次生矿通常形成于河道的哪一侧?为什么?

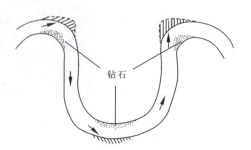

钻石在河道中被搬运的示意图

你知道吗?

2017年轰动珠宝界的钻石——"粉红之星"(The Pink Star)

2017年4月4日,在苏富比香港春拍中这颗重达59.60ct的"粉红之星"(The Pink Star)(图1-4)以7100万美元的成交价刷新了全球钻石拍卖的纪录,被周大福珠宝收入囊中。此前,它还曾被拍出8300万美元的高价,但后来以买家拒绝付款而告终。

图1-4　59.60ct的"粉红之星"

原生矿床岩筒中的金伯利岩(蓝地①)在漫长的地质历史中遭受到风化破坏,逐渐变成黄色的泥土(黄地②),钻石因其硬度极大和化学性质非常稳定而毫无变化地埋藏在这些原地风化的土壤中,形成残积砂矿。同时,流水也会把风化岩石变成砂石泥土搬运到山坡、河流直至滨海,自然也会带走一些金刚石。这些沉积在山坡、河床或河漫滩和滨海附近的含金刚石砂石层,就分别形成了残积砂矿、坡积砂矿、河流冲积砂矿和滨海砂矿。

世界各国砂矿中金刚石的储量近9亿ct,约占世界金刚石总储量的30%。

你知道吗?

为什么滨海砂矿产出钻石的品质高?

在海浪长期、反复的冲击下,金刚石实现了自然分选,小颗粒和裂隙较多的劣质金刚石被逐渐淘汰,保留下来的大多是无裂隙的宝石级金刚石。

钻石的开采历史

---

① 蓝地:蓝灰色新鲜金伯利岩。
② 黄地:黄色易碎金伯利岩风化产物。

二、钻石主要产地

目前,世界上约有27个国家发现了钻石矿床,大部分位于非洲、澳大利亚、俄罗斯和加拿大。

1. 非洲国家

非洲南部是世界主要钻石产区(南非共和国、纳米比亚、博茨瓦纳、扎伊尔、安哥拉等)。

世界上最大的钻石砂矿位于非洲西南部的纳米比亚,95%以上为宝石级。

世界上最大的金伯利岩岩筒(Mwadui)位于坦桑尼亚,它以盛产宝石级大钻石闻名于世。

世界上首次发现的原生钻石矿床(Premier)位于南非,该矿床出产了许多世界著名的大钻石:"库里南"(3106ct)、"高贵无比"(999.2ct)、"琼格尔"(726ct)等。

博茨瓦纳是另一个重要的钻石产地,其钻石收入占国家出口总收入的70%以上。

扎伊尔、博茨瓦纳、南非共和国、纳米比亚、安哥拉、坦桑尼亚、塞拉利昂(宝石级占60%以上)、加纳等非洲国家拥有的钻石储量为全世界钻石总储量的56%,其中宝石级钻石储量约为世界钻石总储量的31%。

2. 澳大利亚

澳大利亚钻石主要分布于西澳、北澳、南澳的8个产区。其中尤以西澳北部的阿盖尔地区最为著名,阿盖尔是当今世界含钻石最丰富、储量最大的钻石矿区。1979年,在澳大利亚钾镁煌斑岩中首次发现钻石,突破了南非金伯利岩型的钻石成矿模式,成为钻石矿床学的突破性发现。

一般说来,澳大利亚钻石的颜色级别偏低,多为褐色系列,但其中含有一定数量色泽鲜艳的玫瑰色、粉红色及少量蓝色的钻石,属稀世珍宝。

目前,澳大利亚是钻石产量最高的国家,其储量占全球钻石总储量的26%,其中宝石级约占5%。

3. 俄罗斯

俄罗斯萨哈共和国阿尔罗萨金刚石公司是俄罗斯钻石原料领域的垄断企业,其经营规模仅次于南非共和国的戴比尔斯(De Beers)公司,居世界第二位。俄罗斯最大的金刚石开采地位于萨哈共和国西部,发现于1949年,并于20世纪70年代开始大量开采。虽然该地区开采的金刚石(钻石)粒度小,但质优透明,该地区金刚石矿可保证生产40~50年。

4. 加拿大

1990年,在加拿大西北靠近北极圈的湖泊地带发现了金伯利岩型原生矿,这是世界钻石史上的又一大突破。

5. 亚洲国家

印度是世界上最早发现钻石的地方,印度产的钻石,以哥尔贡达矿区最为著名,故也称

"哥尔贡达石"。印度出产了古老而有名的大钻"莫卧儿大帝""摄政王""荷兰女皇"等,但目前产量很低。

1950年,首次在中国湖南沅江流域发现具有经济价值的钻石砂矿,品质好,宝石级占40%左右,但品位低,分布零散;20世纪60年代,在山东蒙阴找到的原生钻石矿(图1-5),品位高,储量大,但质量差,宝石级占12%左右,且色泽偏黄,多作工业用途;20世纪70年代初,在辽宁瓦房店发现了钻石原生矿床,储量大,质量好,宝石级约占50%以上,成为中国也是亚洲最大的原生钻石矿山(每年开采10万ct以上)。目前,我国金刚石探明储量和产量均居世界第10名左右,年产量约20万ct。

图1-5 我国山东蒙阴金刚石原石

我国最早的钻石开采地

清朝道光年间(1821—1850年),湖南西部农民在湖南沅水地区淘金时先后在桃源、常德、黔阳一带发现钻石,当时钻石主要用作修补瓷器用的钻头。1952年,湖南省成立金刚石找矿勘探队;1958年,在湖南常德建立中国第一家金刚石开采企业601矿。湖南金刚石储量、产量都不大,年产量2万~3万ct,最高达5万ct,宝石级占60%~80%,目前发现的最大钻石重62.10ct。

钻石产量的产地排名(2017年)[①]

2017年,全球原钻产量升至2008年以来的最高水平,并实现了自2004年金伯利进程

---

① 引自钻石珠宝业界观察.2017年全球钻石毛坯产量再创新高[EB/OL].(2018-07-10)[2018-10-10]. http://www.sohu.com/a/240297189_100189261.

(Kimberley Process)开始收集统计数据以来的最高整体价值——很可能是单年生产价值最高的一年。2017年钻石产量激增19%,达到1.509亿ct(2016年为1.264亿ct),平均价格上涨8%,至每克拉105美元。根据金伯利的数据,钻石生产总值增长了29%,达到158.7亿美元,在一年内首次突破150亿美元大关,而进出口价值几乎保持不变。

而俄罗斯在2017年仍然是最大的未加工的钻石生产国,产量增加6%,至4260万ct,价值增长15%,至41.1亿美元。全球产量增加的主要原因是加拿大产量增长78%,至2320万ct。按价值计算,加拿大的产量增长了47%,达到20.6亿美元,成为第四大生产国。加拿大产量的上升是由于两个新矿——Gahcho Kue和Renard的生产,这两个矿都在2016年末进入全面生产。博茨瓦纳继续在全球钻石生产中发挥着巨大的作用,其钻石回收价值增长了17%,达到33.3亿美元,是世界上第二高的产值,其数量增长了12%,达到2300万ct。与此同时,南非的产值增长了147%,达到30.9亿美元,是2017年第三高的产值,平均价格上涨了113%,达到每克拉319美元。

模块一 钻石概述

单元二 钻石的获得

学习目标

知识目标:了解钻石的开采方法;掌握钻石的开采与回收、分选和切磨过程。

能力目标:能够结合钻石的开采方法判断钻石的矿床类型;能够描述钻石的开采、回收、分选和切磨过程。

任务一 钻石的开采

一、原生矿床开采

钻石的开采

原生矿床主要采用露天开采或地下开采两种形式,但大多数原生矿床,不论是金伯利岩型还是钾镁煌斑岩型,都是从露天采矿开始的。

小阅读

世界上最大的"人造洞穴"——"和平"钻石矿

"和平"钻石矿(图 2-1)位于俄罗斯西伯利亚永久冻土带雅库蒂亚市附近,这里是世界上最寒冷的地区之一,冬季的温度低至 $-50℃$。这个巨大洞穴的直径大约为 1600m,深度达 533m,从卫星照片上看,它就像是地球的一个"大伤口"。自从 20 世纪 50 年代,第一批钻石从"和平"钻石矿中被挖掘出来后,至今已从该矿中挖出了 $1.65×10^8 m^3$ 的岩石。由于这一钻石矿非常重要,克里姆林宫现在又将经营该矿的阿尔罗萨公司重新收归联邦政府控制。据悉,

图 2-1 西伯利亚"和平"钻石矿

俄罗斯99%的未切割钻石都是由阿尔罗萨公司供应的,其挖出钻石量占全球钻石产出量的23%。

在这个巨大洞穴边上的小镇(和平镇),居住着4万多户居民。尽管"和平"钻石矿每年产出价值20亿英镑的钻石,但该镇却仍是世界上最贫穷的地方之一。

1. 露天开采

露天开采的技术方法较为简单,首先从岩筒顶部剥离上覆物,然后向下在基岩中开挖梯段来挖掘矿石(图2-2)。

梯段做成台阶状以减少因矿坑加深而出现滑坡和不稳定的危险。每个台阶呈螺旋状向下以便地面运输工具能抵达每期开挖的最低台阶。矿坑的深度可达300m。

图2-2 露天开采的台阶状外观

2. 地下开采

在稳定的围岩中布置竖井,打水平巷道至含钻石的岩筒处(图2-3),采矿可达到地面以下900m的深度。地下开采的方法主要有矿房法、矿块崩落法和分段崩离法等。

1)矿房法

矿房法是一种较老的开采方法。在围岩竖井中挖掘若干个彼此间隔14m左右且穿过岩筒的水平巷道(平巷)。巷道以规则间距从岩筒上部向深部挖掘,并使每组新平巷位于上部平巷巷壁的下方。一旦平巷做好,就爆破平巷的顶部,使上部平巷的矿柱崩落,直到上部平巷的矿石开采完全。

这一开采方法的优点是开采安全,开采量可控制,但劳动强度大,通风困难。现已被更为现代的矿块崩落法取代。

2)矿块崩落法

矿块崩落法的原理:当岩筒中蓝地的底部被采出后,矿块就失去支撑,开始自行破碎,破碎的蓝地沿着通道经过漏斗进入平巷,平巷是一排穿过岩筒的、用混凝土衬砌并装备有机械

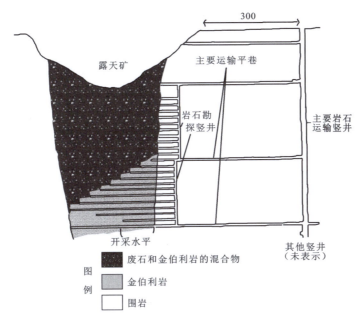

图 2-3 矿井剖面图(展示了主要的竖井和各种水平巷道)

把的耙矿平巷(图 2-4)。金伯利岩就通过这些耙矿平巷提取出来,落入矿车。矿车把矿石运到建在围岩中的竖井处,竖井的底部有破碎机,破碎的矿石被提升到地表并运到处理厂。

矿块崩落法低价高效,但在开始阶段需要经过仔细的计算和设计,并需经常调整工程布置和设计,以控制不同时期开采矿石的品质。

3) 分段崩离法

分段崩离法是矿房法和矿块崩落法的结合,先建立一系列的平巷按垂直间距穿过岩筒,再在围岩和金伯利岩之间开挖 3m 的垂直截槽。从垂直截槽往回开采,将相继的矿石采面钻出扇形布置的炮眼,充填炸药并

图 2-4 耙矿平巷现场

爆破,使矿石下落到平巷中,落下的矿石装入矿车中,运到放矿溜槽,然后输送到地表(图 2-5)。分段崩离法的资金投入要比前两种方法的高,但它能使含矿岩筒在最后阶段高产。

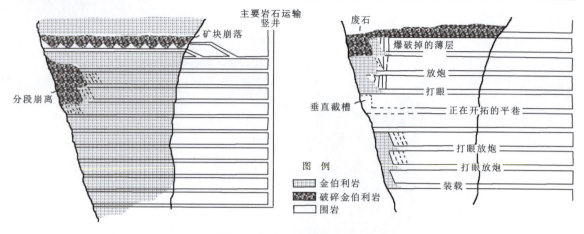

图 2-5 分段崩离法示意图

对比上述 3 种地下开采方法的优缺点,填写下表。

地下开采方法	优点	缺点

瓦房店——"东方钻石城"

中国在金刚石探明储量中排行世界第 10 位,年产量在 20 万 ct 左右,主要产地在辽宁瓦房店、山东蒙阴和湖南沅江流域。其中辽宁瓦房店是目前亚洲最大的金刚石矿山,瓦房店市因此被誉为"东方钻石城"。其金刚石储量占全国已探明储量的 54%,金刚石晶体多呈八面体和十二面体,质地优良,晶形完整,色泽晶莹剔透,首饰级含量占 70%,在国际市场上属一流。

二、钻石次生矿床的开采

钻石次生矿床可出现在母岩附近,也可距离母岩达数百千米远。它们以古代或现代河床、海滩或海底矿床的形式产出,次生矿床的钻石富集程度远不如原生矿床,它是变化的,即不同的次生矿床产出的钻石品位各不相同。

基本概念

品位:一定量的母岩中所含钻石的质量。

次生矿床可富集单颗价值比原生矿床高得多的钻石,这是水流分选作用的结果,因为低质量的钻石大都被河流冲刷作用和海水腐蚀作用破坏掉了。

你知道吗?

纳米比亚海岸带钻石矿床是世界上最丰富的钻石产区,其采矿现场如图2-6所示。其品位不如原生矿床,但这些海岸带钻石中的宝石级钻石占比达95%。

图2-6 纳米比亚海岸带钻石矿床的开采现场

钻石次生矿床既可产在现今河流的位置(湿矿床),也可产在古代河床(干矿床),故可以分为湿矿床和干矿床两种主要类型。

1. 湿矿床的开采

湿矿床是存在于现今河流中的矿床,湿矿床的开采可采用两种方法:湿法挖掘和使河流改道后的干法开采。

1)湿法挖掘

湿法挖掘使用不同型号的挖掘机从河中挖掘砂砾。最常见的挖掘机类型为吸扬式挖掘船,它像是安装在驳船上的大型真空吸尘器,利用大口径的软管把含钻石的砂砾吸上来

(图2-7)。

2) 河流改道后的干法开采

河流改道的方法较为简单,当河流有河曲时,从河曲起始河弯处挖一条渠道到河曲终止河弯处,使河流改道,在河曲的两端筑起堤坝(图2-8)。将堤坝拦住的河曲抽干,挖掘砂砾并开采钻石砂矿。

还可以沿河流的中心线修一段墙,依靠该墙将河流的一侧堵住并抽干挖掘。

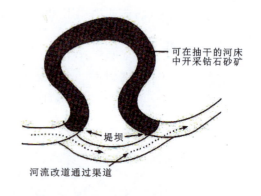

图2-7 吸扬式挖掘船的船下部分示意图　　图2-8 河流改道后的干法开采

2. 干矿床的开采

从古代干河床开采钻石,其采矿工作包括3个单独步骤:

(1) 移走上覆物。

(2) 采出含钻石的砾岩。

(3) 清扫基岩,确认没有钻石残留在裂隙、冲沟或洞穴里。

下图是古代干矿床的剖面示意图,请在图中指出上覆层、含钻石砾岩、基岩的位置。

任务二　钻石的分选和回收

一、钻石分选的主要阶段

1. 破碎分离阶段

破碎从采矿阶段就已开始,当岩筒内采出的岩石破碎到一定块度后,就被装车送去初碎。破碎机可以安装在井下,也可以紧靠露天矿坑安装。最常用的两种破碎机是颚式破碎机和圆锥破碎机。在有些矿山中,矿石含大量黏土,可用安装了喷水嘴的大型旋转鼓式洗涤机去除这些黏土。

在次生矿床中,钻石已经从母岩中分离,它们与砾石冲积物一同通过清洗机。清洗机与上述洗涤机类似,可将黏土等杂质尽量除去。

想一想

由于钻石与砾岩的密度不同(钻石较重),请判断在下图中含钻砾岩的运动轨迹是哪条。

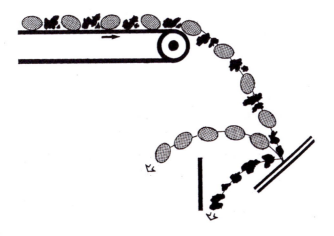

2. 选矿阶段

基本概念

选矿:根据矿石中不同矿物的物理、化学性质,把矿石破碎磨细以后,采用重选法、浮选法、磁选法、电选法等,将有用矿物与脉石矿物分开,并使各种共生的有用矿物尽可能地相互分离,除去或降低有害杂质,以获得所需矿石的过程。

钻石的密度为 $3.52g/cm^3$,而含钻石矿石整体密度平均为 $2.6g/cm^3$。利用这一密度差别可在选矿阶段除去大部分废料,目前采用的设备为矿物摇床、旋转淘洗盘、重介质分离器、水力旋流分离器等。

1) 矿物摇床

矿物摇床是一种较老的选矿方法。这种方法是将进料堆在筛子上,水快速脉冲式地上下运动,使较轻的矿物上浮,而较重的矿物则沉于底部。

2) 旋转淘洗盘

当金伯利岩与水相混时,使破碎形成泥浆状混合物,其密度大致为 $1.25g/cm^3$。在圆形旋转淘洗盘中,转动的铁齿耙可使泥浆状混合物保持悬浮状态。包括钻石在内的较重矿物会沉到底部,铁齿耙转动的齿会把它们推到盘的外缘;与此同时,较轻的矿石浮到表面后进入溢流圈并被排出。

3) 重介质分离器

重介质分离器是一种较为现代的重矿物选矿方法,在这种分离器中利用硅铁溶液拌入水中形成的悬浮液,作为高密度介质或"重液",其密度大致为 $2.95g/cm^3$,低于钻石,但高于废料。当破碎的钻石进入液体后,废料浮到表面以尾矿的形式排出,而密度较大的含钻石矿石则富集在分离器底部加以收集。

硅铁是以焦炭、钢屑、石英(或硅石)为原料,用电炉冶炼制成的,常用作炼钢的脱氧剂,在钢铁工业、铸造工业及其他工业生产中被广泛应用。硅铁经过机械破碎而形成的硅铁粉,可用于选矿工业。

4) 水力旋流分离器

水力旋流分离器也用硅铁溶液来分离较重的矿物和较轻的矿物。将破碎的矿石在高压下送入一个封闭的锥体,进料的压力和速度引起旋涡,所产生的离心力使较重的颗粒向外运动并沉到锥体,而较轻的颗粒则向中心运动并上升到顶部出口处。

上述4种方法的主要原理是什么?

3. 回收阶段

基本概念

回收:从经过提取后留下的精矿中最终分离出钻石原石的过程。

富集钻石的矿石在手选之前需要经过回收阶段,可使用以下几种方法进行回收。

1) 油脂台和传送带

这是一种最古老的钻石回收方法。它是由一位受雇于金伯利的工人于1896年最先发现的。将油脂抹在倾斜的台面上或传送带上,然后将含钻较重的矿石精矿和水一起倾倒在台面或传送带上。钻石将粘在油脂上,而精矿中的大多数其他矿物将被水冲走。其原理是利用钻石的亲油斥水性。

当油脂层粘满钻石后将油脂刮起并放入用金属筛布置成的封口容器内,将容器放到热水池中,油脂将溶化漂走,留下钻石精矿供手选。

2) X射线分选机

X射线分选机由X射线源、用于记录X射线下发生荧光反应的光电倍增管和检测荧光反应的空气喷射器组成。空气喷射器可将钻石偏移,从而使钻石与其他无荧光反应的矿物分离开。其原理是钻石在X射线下发荧光。

4. 最终回收——手选阶段

尽管有许多自动化的回收方法,但最终回收仍然依靠手工。出于安全考虑,手工回收钻石操作在"手套箱"内进行。将一些钻石精矿平铺在分选者面前,分选者挑出钻石后放入槽中。

(1)破碎分离阶段始于_____,终止于_____阶段之前。
(2)选矿阶段的目标是得到_____。
(3)回收阶段包括_____和随后的_____,通常钻石最后的选取仍要靠_____完成。

精彩视频

观看电影《血钻》,说说其中的钻石是什么颜色。

任务三 钻石的切磨

钻石的切磨过程主要包括:研究钻石原石特性、划线、锯钻(或劈钻)、车钻(打圆)、研磨和抛光、清洗和成品分选等。不是每颗钻石原石都必须经过这些过程,这要根据钻石毛坯本身的具体情况而定。但是,划线、研磨和抛光对任何钻石原石来说都是必不可少的。图2-10展示的是钻石切磨现场的概貌。

切磨师拥有着非凡的智慧与精巧的手艺,经过他们的手后,钻石原石立即呈现出璀璨夺目的光彩,成为人们称羡的焦点和高贵的象征。

图 2-10 钻石切磨现场的概貌

一、钻石切磨步骤

钻石的切磨步骤如下：

(1) 研究钻石原石特性。依据形状、品质、大小对钻石原石进行分选，并对钻石原石的特性进行研究、设计（图 2-11、图 2-12）。

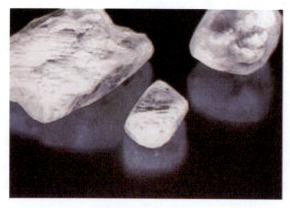

图 2-11 钻石原石

图 2-12 研究钻石原石的特性

(2) 划线（图 2-13）。这一步是关键。

(3) 根据划线劈钻（图 2-14）或锯钻。

钻石概述 模块一

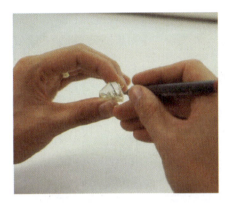

图 2-13 钻石划线

图 2-14 劈钻

你知道吗？

劈钻与锯钻

劈开逐渐被锯开的方法取代了。

劈开所用的机械设备通常是一种磷青铜的切磨盘，它的边缘经常涂上油和钻石粉的混合物，切磨盘转速为 4500~6500r/min。钻石被固定在一个"V"形夹的枢竿上，可以调节角度，使切割位置及施加压力正确，切开过程很慢，仅 1min/h。现代技术允许运用激光束来锯开钻石了。激光束可以切割钻石的任何一个位置和方向，不需要考虑其生长纹了。

(4)车钻。用一颗钻石将另一颗钻石的尖角磨掉,称为车钻(打圆)(图2-15)。

图2-15 车钻(打圆)

车钻工序:观察→固定钻石毛坯→钻石毛坯定中→粗车→精车→光边→质量检查。

研磨:用研磨工具和研磨剂,从钻石上去掉一层极薄表面层的精加工方法。

抛光:利用机械、化学或电化学的作用,使钻石表面粗糙度降低,以获得光亮、平整表面的加工方法。

(5)研磨和抛光。各种钻石琢型的切磨都必须经过研磨(图2-16)和抛光,其工作量占据钻石加工工艺流程总工作量的50%~60%,同时也是损耗较大的工序之一。

图2-16 研磨钻石的刻面

钻石概述 模块一

（6）清洗和成品分选。钻石磨成以后，进行专业清洗、滤干，然后送检分选。钻石切磨质量的检验应围绕比率是否失调、对称是否匀称及刻面加工质量好坏几个方面来进行，对一些不合格品要返工重新切磨。

二、标准圆钻型刻面的研磨顺序

钻石的研磨

一般而言，标准圆钻型钻石的研磨顺序：冠部刻面→亭部刻面。

1. 冠部刻面的研磨

标准圆钻要抛磨出 32 个标准瓣面，冠角为 31°～37°，使其表面光泽晶亮（图 2-17）。

图 2-17　钻石冠部刻面的研磨顺序

2. 亭部刻面的研磨

标准圆钻要抛出 24 或 25 个对称瓣面，亭角为 39°4′～42°1′，使其表面光泽晶亮。而磨好的冠部反射出来的火彩，能使整颗钻石绽放出更加炫目的光彩。钻石亭部刻面的研磨顺序如图 2-18 所示。

图 2-18　钻石亭部刻面的研磨顺序

请按照上述钻石切磨的文字叙述，写出钻石切磨的 6 道工序：

研究钻石原石特性 ⟶ ＿＿＿＿＿ ⟶ ＿＿＿＿＿ ⟶ ＿＿＿＿＿ ⟶ ＿＿＿＿＿ ⟶ ＿＿＿＿＿。

三、主要钻石切磨中心

1. 比利时安特卫普（精湛钻石加工中心）

比利时安特卫普有"世界钻石之都"的美誉，全世界50%以上的钻石交易在这里进行。一颗钻石如标有"安特卫普切工"，即是完美切工的代名词。

2. 以色列特拉维夫（精湛小钻加工中心）

以色列特拉维夫是优良切割及花式切割、新式切割钻石的主要供应地，有40位看货人，钻石出口额占整个以色列工业出口额的1/3。

3. 美国纽约（大颗粒钻石加工中心）

纽约曼哈顿47街第五、第六大道之间是闻名全球的钻石街，以前只加工3ct以上的大钻，目前扩大至可以加工2ct以上的钻石。

4. 印度孟买（小颗粒钻石加工中心）

印度孟买以加工小钻为主，相对而言，印度切工不及其他国家。有29位看货人，80位切割工人，平均每年加工钻石10亿颗以上。

5. 其他地区

泰国曼谷在20世纪80年代初才开始建立第一座钻石切割厂，以加工1～10pt钻石为主。俄罗斯车工除了角度、比率均在极好的范围内之外，抛光也极好。另外，和泰国、俄罗斯一样，中国正在发展成为重要的钻石加工切割中心。

世界十大著名钻石

世界十大著名钻石

你知道吗？

标准圆钻型钻石质量品质的评定方法

常说的4C分级，指的是从净度（clarity）、颜色（color）、克拉质量（carat weight）、切工（cut）4个方面对钻石进行综合评价，进而确定钻石的价值。由于4个要素的英文均以"C"开头，所以简称为"4C分级"。

本章练习

(1) 根据下面示意图,解释钻石是如何形成的?

(2) 钻石的矿床类型有哪几种?
(3) 简述钻石 4C 分级的主要意义。
(4) 金刚石(钻石)还可以应用于其他哪些领域?
(5) 请按时间顺序列出发现钻石的国家。
(6) 对照右边的示意图,简述其工作原理。

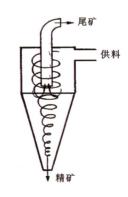

知识链接

钻石标志着什么(一)

1. 纯洁的爱情

钻石纯洁透明、经久不变,是纯洁爱情的标志,代表着对爱情的永恒追求和忠贞。奥地利大公麦西米伦在 1477 年与法国玛利公主定亲时,曾派人给玛利公主带去一封信和一枚钻石戒指,信中说:"订亲之日,公主必须佩戴一枚镶有钻石的戒指。"从此,钻戒成为恋人们的定情信物,并一直流传至今。

2. 高尚坚强

钻石的摩氏硬度为 10,是目前已知最硬的天然物质,钻石硬度是蓝宝石硬度的 150 倍。它坚强无比,既坚不可摧又攻无不克,是非凡能力的标志。

同时,钻石也是唯一一种集最高硬度、强折射率和高色散于一体的宝石品种,是其他任何宝石无法比拟的。

模块二
钻石的基本特征及鉴别

随着科学技术的发展,越来越多的钻石仿制品进入钻石市场,有些与天然钻石极为相似,迷惑了广大消费者乃至钻石从业者。为了正确地鉴定钻石,钻石从业者必须准确地回答下列问题:

(1)待测宝石是否为钻石?

(2)若为钻石,它是天然的还是人工合成的?

(3)若为天然钻石,有无经过人工优化处理?

单元三　钻石的基本特征

> **学习目标**
>
> **知识目标**：掌握钻石化学成分及分类，掌握钻石的结晶学特征，掌握钻石的光学性质、力学性质及其他性质。
>
> **能力目标**：能够结合钻石光学性质、力学性质和其他性质解释钻石的各种外在表现。

任务一　钻石的化学成分及分类

一、钻石的化学成分

钻石为单质矿物，主要由碳元素组成，化学分子式是C。除碳元素以外，还含有微量的氮(N)、硼(B)等成分。根据钻石中是否含有N、B及N、B含量，可将钻石分为两大类型：Ⅰ型和Ⅱ型。

> **知识链接**

碳元素的拉丁文名称Carbonium来自Carbon一词，就是"煤"的意思，首次出现在1787年由拉瓦锡等人编著的《化学命名法》一书中。碳的英文名称是Carbon，元素符号为C(图3-1)。

碳有3种同素异形体：金刚石、石墨、C60。金刚石和石墨早已被人们所知，拉瓦锡做了燃烧金刚石和石墨的实验后，确定这两种物质燃烧都产生了二氧化碳，因而得出结论，即金刚石和石墨中含有相同的"基础"，称为碳。

C60是1985年由美国休斯顿赖斯大学的化学家克劳特(Kroto H.W.)等人发现的。它是由60个碳原子组成的一种球状的稳定的碳分子(图3-1)，是继金刚石和石墨之后的碳的第三种同素异形体。

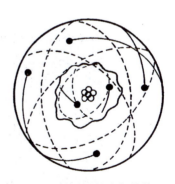

图3-1　碳原子的内部结构

二、钻石的分类

(一) I 型钻石

含微量氮(N),按 N 的存在形式进一步分为下列两类:

1. Ia 型

大部分天然钻石属于此类型,其内部 N 以原子对或 N_3 中心的方式出现。N_3 中心越多,钻石越黄,Ia 型钻石多呈蓝色荧光(图 3-2)。

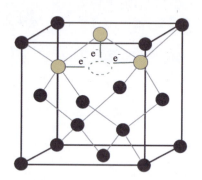

图 3-2　Ia 型钻石及其晶体结构图

2. Ib 型

绝大部分合成钻石属于该类型。其内部 N 以单原子形式出现,在自然界中此类型钻石少见,这种类型的钻石颜色为黄、黄绿和褐色(图 3-3)。Ib 型钻石多呈橘黄色或黄色荧光。

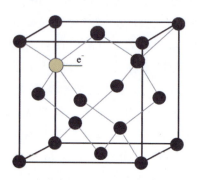

图 3-3　Ib 型钻石及其晶体结构图

(二) Ⅱ型钻石

Ⅱ型钻石是不含氮(N)的钻石,但可能含微量的硼(B)。这种类型的钻石在自然界较为少见,导热性很好,可依据含硼(B)的多少进一步分为下列两类:

1. Ⅱa 型

不含硼(B),不导电,具最高的导热率,室温下导热率是铜的 6.5 倍。Ⅱa 型钻石在长波紫外光下多呈惰性或黄绿色荧光(图 3-4)。

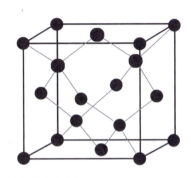

图 3-4 Ⅱa 型钻石及其晶体结构图

2. Ⅱb 型

含微量硼(B),电的半导体,颜色多为蓝色。Ⅱb 型钻石在长波紫外光下多呈惰性,在短波下多呈蓝色或红色荧光(图 3-5)。

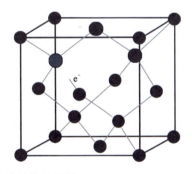

图 3-5 Ⅱb 型钻石及其晶体结构图

练一练

你能填出下表吗?

项目	Ⅰ型钻石		Ⅱ型钻石	
	Ⅰa型	Ⅰb型	Ⅱa型	Ⅱb型
成分				
颜色特征				
导电性				
导热性				
紫外荧光特征				

任务二 钻石的结晶学特征

一、晶体结构

纯净钻石可看作是完全由碳元素组成的矿物。钻石晶体结构中的碳原子是以共价键相连接。

共价键：是化学键的一种，两个或多个原子共同使用它们的外层电子（电子云重叠），在理想情况下组成比较稳定和坚固的化学结构叫作共价键。

在钻石晶体结构中，每个碳原子同其他4个碳原子以0.154nm间距相连，形成4个共价单键，构成一个正四面体组合（图3-6）。这种结构决定了它具有高硬度、高熔点、不导电、化学性质稳定等特征。

图3-6 钻石晶体结构图

二、晶体对称性

转动钻石晶体结构模型可看到一个结构类似"正方体"的模块，在这个结构中所有的键都以直角相交（图3-7）。环绕视线保持相互间直角的方向转动模型一圈，结构上由4次重复的，这个方向就是钻石结构中四次对称轴方向。在钻石结构中共有3个这样的方向即钻石有 3 个四次对称轴(L^4),通过直视八面体的一个三角形的方向,可找到 4 个三次对称轴(L^3),还有 6 个不同方向的二次轴(L^2)、9 个对称面(P)和一个对称中心(C)。所以钻石的晶体结构的最高对称型是 $3L^4 4L^3 6L^2 9PC$。

图 3-7　钻石晶体结构转动模块

写出系列等轴晶系模块的最高对称形:

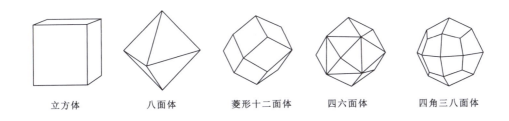

立方体　　八面体　　菱形十二面体　　四六面体　　四角三八面体

三、晶体形态特征

1. 单晶形态

晶体形态可分为两种类型:单形和聚形。

单形:由同种晶面(即性质相同的晶面,在理想的情况下,这些晶面应该是同形等大的)组成的晶体形态。

聚形:指由两种以上的晶面组成的晶体形态,聚形是由单形聚合而成的。

钻石属于等轴晶系,等轴晶系的常见晶形有立方体、八面体、菱形十二面体、四六面体、四角三八面体等。

钻石常见的7种单形:八面体、菱形十二面体、立方体、三角八面体、三角六八面体、三角四六面体和四角三八面体。其中最常见的单形是立方体、八面体和菱形十二面体。

钻石常见的聚形:八面体、菱形十二面体和立方体每两种单形产生的聚形或三种相聚产生的聚形。

请说出下面钻石有哪些主要单形?

2. 双晶

双晶:两个以上的晶体按一定的对称规律形成的规则连生。

钻石常出现接触双晶类型,接触双晶是指双晶个体以简单的平面接触而连生在一起。钻石常见双晶有三角薄片双晶、菱形十二面体双晶和八面体双晶。

3. 平行连生和多重生长

平行连生:当一个晶体通过生长产生了由两个或两个以上的晶体沿同一方向长到一起的外观且晶面相互平行,称为平行连生,它不属于双晶(图3-8)。

多重生长:一个晶体是由两个或多个晶体以互不相同的角度相互穿插而不是平行地生长到一起所产生的晶形,它也不属于双晶(图3-9)。在钻石中常出现此类晶形。

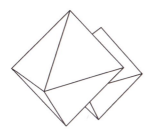
图 3-8 平行连生

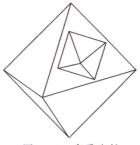
图 3-9 多重生长

四、晶体表面特征

表面纹理也称生长纹理,有时在八面体的面上出现的纹理延伸穿过钻石,甚至在成品钻石中也可看到,它提供了八面体生长的证据,也称为内部纹理。

三角凹痕:很多天然钻石八面体的晶面具有小的三角形溶蚀凹坑标志,这些标志称为三角凹痕(三角座)。

三角凹痕是等边三角形的坑,其大小变化很大,有时相互叠覆(图 3-10)。通常这些三角形蚀坑的角顶指向八面体的棱,并且三角凹痕一般不会与八面体面棱排列一致。

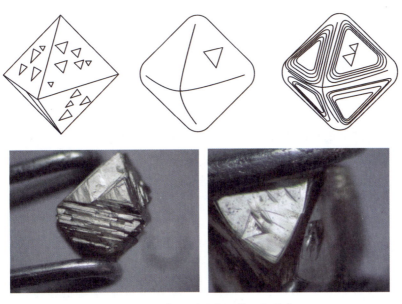
图 3-10 钻石原石表面的三角凹痕

任务三　钻石的光学性质

一、颜色

钻石的颜色

钻石的颜色分为两大系列：无色—浅黄色系列和彩色系列（图 3-11）。无色—浅黄色系列钻石严格来说是近于无色的，通常带有浅黄色、浅褐色、浅灰色，是钻石首饰中最常见的颜色，又称开普系列。彩色系列钻石的颜色常发暗，呈中等—弱的饱和度，颜色艳丽的彩色钻石极为罕见（图 3-12）。

钻石的颜色成因可以从两个角度来解释，一是由于 N、B 和 H 进入钻石的晶体结构之中，对光产生了选择性吸收；二是晶体塑性变形而产生位错、缺陷，对某些光产生选择性吸收而使钻石呈现颜色。

图 3-11　无色—浅黄色系列钻石

图 3-12　彩色系列钻石

二、光泽

钻石晶体具有特征的油脂光泽（图 3-13），加工后的钻石具特有的金刚光泽，最强的天然无色透明矿物光泽（图 3-14）。值得注意的是，观察钻石光泽时要选择强度适中的光源，钻石表面要尽可能地平滑，当钻石表面出现溶蚀及风化特征时，钻石光泽将会因受到影响而显得暗淡。

三、透明度

纯净的钻石应该是透明的（图 3-15），但由于矿物包裹体、裂隙的存在和晶体集合方式的不同，钻石可呈现半透明状（图 3-16），甚至是不透明的（图 3-17）。

图 3-13 油脂光泽的钻石晶体（毛坯钻石）

图 3-14 金刚光泽的成品钻石

图 3-15 透明钻石

图 3-16 半透明钻石

图 3-17 不透明钻石

四、光性

钻石为均质体，但其形成环境（地幔）的温度、压力极高，常导致晶格变形。因此，天然钻石绝大多数具有异常消光现象（图 3-18）。

图 3-18 钻石的异常消光现象

五、折射率

钻石的折射率为 2.417,是天然无色透明矿物中折射率较大的矿物,其折射率超出宝石实验室常用折射仪的测试范围。

六、发光性

使用仪器观察钻石发光性的时候,不同的钻石,其发光性不同。由于观察发光性仪器的能量差异,同一个钻石的荧光和磷光也会出现差异。

1. 紫外荧光灯

在波长为 365nm 的长波紫外光下,钻石最常见的荧光颜色是蓝色或蓝白色(图 3-19～图 3-21),少数呈黄色、橙色、绿色和粉红色,也可见惰性气体颜色。一般情况下,钻石在长波下的荧光强度要大于短波下的荧光强度。

图 3-19 自然光下的钻石

图 3-20 长波紫外光(LW)下的钻石

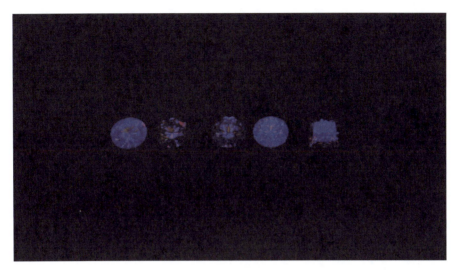

图 3-21　短波紫外光(SW)下的钻石

实际检测中,钻石的荧光可以用于区分钻石的类型,快速鉴别群镶钻石首饰,判断钻石切磨难易程度等。例如 Ⅰ 型钻石以蓝色—浅蓝色荧光为主,Ⅱ 型钻石以黄色、黄绿色荧光为主;群镶钻石首饰可利用不同钻石荧光的强度、荧光颜色的差异性快速鉴别;在同等强度紫外线照射下,不发荧光的钻石最硬,发淡蓝色、蓝白色荧光的钻石硬度相对较低,发黄色荧光的居中。钻石磨制工作中,往往利用这一特征来快速判断钻石加工磨削的难易程度。

肉眼观察时,强蓝白色荧光会提高无色—浅黄色系列钻石或者黄色钻石的色级,但荧光过强,会有一种雾蒙蒙的感觉,影响钻石的透明度,降低钻石的净度。

知识储备

不同钻石的荧光在颜色、强弱上都有较明显的差别,所以成包的钻石或群镶的钻石在初步鉴定时,最简单的一种方法,就是把这些钻石放在紫外灯下照射,如果每粒钻石的荧光强弱、颜色各不相同,那么就是真钻石,如果荧光颜色强弱均一,则极有可能是钻石的仿制品。

2. X 射线

钻石在 X 射线的作用下大多数都能发荧光,而且荧光颜色一致,通常都是蓝白色,极少数无荧光。据此特征,常用 X 射线进行选矿工作,既敏感又精确。

3. 阴极发光

钻石在阴极射线下发蓝色、绿色或黄色的荧光,并可呈现特有的生长结构图案(图 3-22)。

图 3-22 钻石在阴极射线下的发光图案

七、色散

钻石的色散值为 0.044,是天然宝石中色散值较高的品种之一,表现为钻石表面能反射出五光十色的彩光,也称为钻石火彩,这是肉眼鉴定钻石的重要依据之一(图 3-23)。

图 3-23 钻石的火彩

你知道吗?

何谓色散?

白光是由红、橙、黄、绿、蓝、靛、紫等各种色光组成的复色光。红、橙、黄、绿等色光叫作单色光。

复色光分解为单色光而形成光谱的现象叫作光的色散。

牛顿在 1672 年最先利用三棱镜观察到光的色散,把白光分解为彩色光带(光谱)。色散现象说明光在媒介中的速度随光频率的改变而发生改变。光的色散可以利用三棱镜、衍射光栅、干涉仪等实现(图 3-24)。

图 3-24　光的色散现象

八、吸收光谱

无色—浅黄色系列钻石,在紫区 415.5nm 处有 1 条吸收谱带(图 3-25);褐色—绿色的钻石,在绿区 504nm 处有 1 条吸收窄带,有的钻石可能同时具有紫区 415.5nm 处和绿区 504nm 处的 2 条吸收带。辐照处理黄色钻石具有 594nm 典型吸收峰,辐照处理粉红色钻石可见 570nm 和 575nm 吸收峰,辐照处理绿色钻石具有 741nm 吸收峰。

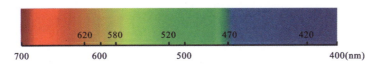

图 3-25　无色—浅黄色系列钻石的紫区吸收光谱

任务四　钻石的力学性质

一、解理

钻石具有平行八面体方向(结晶学中也描述为(111)方向)的 4 组完全解理。
鉴别钻石与其仿制品、加工时劈开钻石都需要利用钻石的完全解理(图 3-26)。抛光钻石在腰部特征"V"字形缺(破)口须状腰就是由钻石解理引起的。

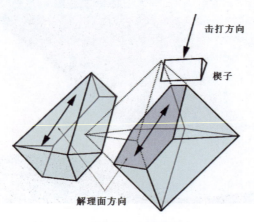

图 3-26　利用钻石解理劈钻示意图

二、硬度

钻石是自然界最硬的矿物,摩氏硬度为10。钻石具有差异硬度,即其硬度具有各向异性的特征,具体表现:八面体方向＞菱形十二面体方向＞立方体方向(图 3-27、图 3-28)。此外,无色透明钻石的硬度比彩色钻石的硬度略高。切磨时可利用钻石硬度较高的方向去磨另一颗钻石硬度较低的方向。

虽然钻石是世界上最硬的物质,但其解理发育、性脆,受外力作用很容易沿解理方向产生破碎。

八面体方向＞菱形十二面体方向＞立方体方向

图 3-27　钻石不同晶体形态的硬度差异

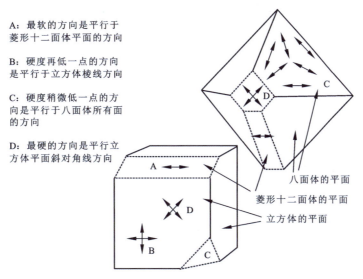

图 3-28 钻石晶体不同方向的硬度差异

三、密度

钻石的密度为 $3.521(\pm 0.01)\text{g/cm}^3$。由于钻石成分单一,杂质元素较少,钻石的密度很稳定,变化不大,只有部分含杂质和包裹体较多的钻石,其密度才有微小的变化。

你知道吗?

比钻石更硬的人工材料——氮化碳

1993年,美国哈佛大学的科研人员,利用激光溅射技术成功研制出氮化碳薄膜。计算表明,这种新型超硬材料的体积弹性模量达到了483GPa,比金刚石要高出一大截(金刚石的体积弹性模量为435GPa)。

氮化碳具有许多奇异的特性。以共价键结合的氮化碳,由于其结构键的长度比金刚石的短,它的硬度增强超过金刚石。在组成比例中,氮元素占57%左右,其化学稳定性要高于金刚石。同时,还具有很强的耐氧化能力。

氮化碳的热导性能好,可以在制作特大规模集成电路中发挥特殊作用,促进微电子技术和计算机技术的发展。氮化碳还可以用于开发各种新型的高热导率器件,在激光技术的发展中也将起到十分重要的作用。

> **特别提示**

同一颗钻石在不同方向的硬度存在差异性,这是钻石能够切磨钻石的根本原因。

任务五　钻石的其他性质

一、热学性质

1. 导热性

钻石的热导率为 870～2010W/(m·K),导热性能超过金属,是所有物质中导热性最强的。其中Ⅱa型钻石的导热性最好。因此,热导仪在鉴别钻石真伪时可以起到重要的作用。

2. 热膨胀性

钻石的热膨胀系数极低,温度的突然变化对钻石的影响不大。但如果钻石中含有热膨胀性大于钻石的其他矿物包裹体或存在裂隙,则不宜加热,否则钻石会产生破裂。KM激光打孔处理钻石就是利用了这一特性。此外,在镶嵌过程中,钻石极低的热膨胀性可以使钻石镶嵌得非常牢固。

> **你知道吗?**

钻石的激光打孔和研磨抛光均是利用钻石的热学性质。

3. 可燃性

在绝氧条件下,将钻石加热到1800℃以上时,钻石将缓慢地转变为石墨;在有氧条件下,加热到650℃,钻石将开始缓慢燃烧并转变为二氧化碳气体。钻石的激光切割和激光打孔处理技术就是利用了钻石的低热膨胀性和可燃性。但对钻石首饰进行维修时,应避免灼伤钻石。此外,加工钻石时,如果磨盘的转速太快,可能导致抛磨面局部碳化,形成烧痕。

二、电学性质

钻石中的碳原子彼此以共价键结合,在结构中没有自由电子存在,因此大多数钻石是良好的绝缘体。

一般情况下,钻石中杂质元素的含量越低,其绝缘性就越好。因此,Ⅱa型钻石的绝缘性最好;Ⅱb型钻石由于微量元素硼(化学元素符号为B)的存在而产生了自由电子,可以导电,是优质的高温半导体材料。

此外，利用高温高压法合成的钻石，如果含有大量的金属包裹体，也可以导电。

三、磁性

当钻石含有金属包裹体时，钻石会表现出磁性。HTHP合成钻石由于含有铁镍合金包裹体，容易磁化，也具有一定磁性。

四、亲油斥水性

钻石对油脂有明显亲和力，这个性质在选矿中被应用于钻石回收。在传送带上涂满油脂，可将钻石从矿石中分选出来。钻石的斥水性是指钻石不能被浸润，水在钻石表面呈水珠状而不形成水膜。该性质可用来做托水实验以区分钻石与其仿制品，但使用该方法前应仔细清洗实验样品。

五、化学稳定性

钻石的化学性质非常稳定，在一般的酸、碱溶液中均不溶解，王水（浓盐酸与浓硝酸按体积比3∶1组成的混合溶液）对它也不起作用，所以钻石经常使用硫酸清洗。但热的氧化剂、硝酸钾却可以腐蚀钻石，在其表面形成蚀象。

1. 钻石的主要化学成分是什么？
2. 钻石的主要晶体形态是什么？
3. 在传统切磨工艺中，应用钻石切磨钻石是利用了钻石的哪项性质？
4. 在选矿的回收环节，采用涂满油脂的传送带对钻石进行分选，是利用了钻石的哪项性质？

钻石鉴定及分级 ZUANSHI JIANDING JI FENJI

单元四　钻石的鉴别

学习目标

　　知识目标：掌握钻石的鉴定特征，掌握钻石的化学处理方法及优化处理品的鉴别方法，掌握钻石仿制品的种类及其鉴定特征。
　　能力目标：能够应用检测仪器对钻石、钻石优化处理品、钻石仿制品进行鉴别。

任务一　钻石及其仿制品的鉴别

一、钻石仿制品的概述

钻石仿制品的鉴别

1. 钻石仿制品的基本概念

　　钻石仿制品是指外观上与钻石相似，但其化学成分、晶体结构、物理和化学性质则与钻石不同，其材料可以是天然的、合成的、人造的或拼合的。例如合成碳硅石，其外形与钻石非常相似，但其化学成分、晶体结构、各种物理和化学性质与钻石完全不同。

2. 钻石仿制品具备的基本条件

　　钻石仿制品主要模仿无色—浅黄色系列钻石，一般具有无色透明、高色散、高折射率的特点。钻石仿制品必须具备的基本条件如下：

　　（1）高硬度。高硬度可使宝石材料耐磨，耐久性较好。钻石是所有物质中硬度最高的，因此其刻面棱非常平直锋利，刻面尖点能够精确交会。另外，高硬度便于钻石进行精确的抛光，从而产生金刚光泽，提高亮度。因此，钻石仿制品需要具有较高的硬度，才能切磨成面平棱直的琢型。

　　（2）高色散。钻石的火彩极强。因此，钻石仿制品的色散值越高，火彩越强，在外观上与钻石也越接近。

　　（3）高折射率。折射率与光泽成正比，高折射率的宝石材料具有较强的光泽；高折射率的宝石材料切磨后容易产生全内反射，形成较高的亮度。实际上任何宝石材料都可以通过加工使光线产生全内反射,但折射率低的宝石材料,需加深亭部才能达到这种效果,而亭部太深会使仿制品的比例失调,影响镶嵌效果。

(4)基本无色。大部分钻石是无色—浅黄色系列,钻石仿制品目前也大多是无色或浅黄色的,彩色系列钻石的仿制品很少。

(5)良好切工。钻石的价值高,切磨非常精细,各种切工比例都十分完美。因此用作钻石仿制品的宝石应选切工比率和对称性要好一些的,否则很容易识别。

二、常见钻石仿制品的种类及其基本性质

因为天然钻石稀少且昂贵,人们很早就在仿制钻石方面绞尽了脑汁,钻石仿制品的类型很多。最古老的替代品是玻璃,后来是天然无色锆石,再后来是人们用简单、容易实现的方法人工制造出各种各样性质与天然钻石相似的钻石仿制品。如早期用焰熔法合成的氧化钛晶体,即合成金红石,具有很高的色散,但是由于硬度低、带黄色且色散过高而容易被识别。针对合成金红石的缺点,人们又用焰熔法生长出了人造钛酸锶晶体,它的色散值比合成金红石的小,近似钻石的色散值,颜色也比较白,但由于其硬度较小,切磨抛光难以得到锋利、平坦的交棱和光面。

随着科学的发展,更多近似天然钻石的钻石仿制品被生产出来。如人造钇铝榴石、人造钆镓榴石等。尤其是合成立方氧化锆,它是理想的钻石仿制品。它不仅无色透明,而且其折射率、色散值、硬度都近似于天然钻石。为此,它曾在较长的一段时间里,迷惑过许多人。但是只要细心比较,仍可以区别。1998年,美国推出的合成碳硅石,其物理性质更接近天然钻石。

1. 常见钻石仿制品的类型及其基本性质

用作钻石仿制品的天然宝石材料主要有:锆石、托帕石、绿柱石、水晶等。

用作钻石仿制品的人工宝石材料有:合成立方氧化锆、合成碳硅石、玻璃、合成无色刚玉、合成无色尖晶石、合成金红石、人造钇铝榴石、人造钆镓榴石、人造钛酸锶等。

这些材料的物理性质和外观与钻石相似度高,往往具有很大的迷惑性。钻石仿制品从化学成分的角度,均属于化合物。根据其组成特征,又可以分为氧化物和含氧盐。

氧化物是一系列金属和非金属元素与氧离子(O^{2-})化合(以离子键为主)而成的化合物,其中包括含水氧化物。这些金属和非金属元素主要有 Si、Al、Fe、Mn、Ti、Cr 等。属于氧化物的钻石仿制品材料有无色刚玉(Al_2O_3)、水晶(SiO_2)、玻璃(SiO_2)、合成立方氧化锆(ZrO_2)、合成尖晶石($MgAl_2O_4$)、合成金红石(TiO_2)、人造钇铝榴石($Y_3Al_3O_{12}$)、人造钆镓榴石($Gd_3Ga_5O_{12}$)、人造钛酸锶($SrTiO_3$)等。

大部分矿物均属于含氧盐类,其中又以硅酸盐类矿物居多(约占50%),还有少量宝石矿物属碳酸盐类、磷酸盐类。硅酸盐是指以硅氧络阴离子配位的四面体$(SiO_4)^{4-}$为基本构造单元的晶体。例如绿柱石($Be_3Al_2Si_6O_{18}$)、锆石(高型)($ZrSiO_4$)、托帕石$[Al_2SiO_4(F,OH)_2]$等。

1) 天然宝石

任何天然无色透明的材料,都可以作为钻石的替代品来仿冒钻石。但是天然宝石作为钻石仿制品时,由于其外观与钻石相距甚远,不宜切磨,实际上在钻石仿制品中较为少见,例如白钨矿、锡石和闪锌矿等。这里列举的是常见用作钻石仿制品的天然宝石。

(1) 锆石。英文名称为 zircon,化学组成为硅酸锆($ZrSiO_4$),中级晶族,四方晶系,金刚光泽,性脆,具有明显纸蚀现象,无解理,摩氏硬度为 6~7.5,密度为 3.90~4.73g/cm^3,折射率为 1.810~1.984,双折射率为 0.001~0.059,非均质体,一轴晶,正光性。

锆石是 12 月份生辰石,象征抱负远大和事业成功。锆石有无色和红、蓝、紫、黄等各种颜色。由于它具有高折射率和高色散值,无色的锆石具有类似钻石那样闪烁的彩色光芒,因此成为昂贵钻石的代用品。

(2) 刚玉。刚玉族有两个品种,其中,红色品种称为红宝石,红色品种以外的所有品种称为蓝宝石。蓝宝石有无色和蓝、紫、黄等各种颜色。由于具有强玻璃光泽和较高的摩氏硬度,无色蓝宝石粗看与钻石十分类似。

蓝宝石是 9 月份生辰石,象征忠诚和坚贞,英文名称为 sapphire,化学组成为氧化铝(Al_2O_3),中级晶族,三方晶系,强玻璃光泽,无解理,可见裂理,摩氏硬度为 9,密度为 4.00g/cm^3,折射率为 1.762~1.770,双折射率为 0.008~0.010,非均质体,一轴晶,负光性。

(3) 托帕石。英文名称为 topaz,化学组成为含水的铝硅酸盐矿物[$Al_2SiO_4(F,OH)_2$],低级晶族,斜方晶系,玻璃光泽,1 组完全解理,摩氏硬度为 8,密度为 3.53g/cm^3,折射率为 1.619~1.627,双折射率为 0.008~0.010,非均质体,二轴晶,正光性。

托帕石是 11 月份生辰石,象征和平与友谊,有无色、蓝色、黄色、粉色等。由于它具有玻璃光泽和较高的摩氏硬度,无色托帕石粗看与钻石十分类似。

(4) 绿柱石。英文名称为 beryl,化学组成为铍铝硅酸盐矿物[$Be_3Al_2(SiO_3)_6$],中级晶族,六方晶系,玻璃光泽,1 组不完全解理,摩氏硬度为 7.5~8,密度为 2.72g/cm^3,折射率为 1.577~1.583,双折射率为 0.005~0.009,非均质体,一轴晶,正光性。

绿柱石族中绿色品种称为祖母绿,蓝色品种为海蓝宝石,粉红色品种为摩根石,无色品种为透绿柱石等。由于它具有玻璃光泽和较高的摩氏硬度,无色绿柱石粗看与钻石十分类似。

(5) 水晶。英文名称为 rock crystal,化学组成为二氧化硅(SiO_2),中级晶族,三方晶系,玻璃光泽,无解理,摩氏硬度为 7,密度为 2.65g/cm^3,折射率为 1.544~1.553,双折射率为 0.009,非均质体,一轴晶,正光性,可见"牛眼"干涉图(图 4-1)。

水晶自古就有"水玉""水精"之称,颜色很多,有无色、紫色、黄色等。无色水晶在整个水晶族群中分布最广,数量也最多。无色水晶是佛教七宝之一,还

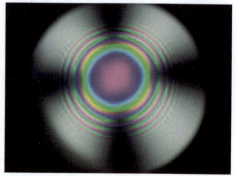

图 4-1 水晶的"牛眼"干涉图

是结婚15周年纪念宝石。由于它具有玻璃光泽和较高的摩氏硬度,无色水晶粗看与钻石十分类似。

2)人工宝石

天然宝石由于外观与钻石差异较大,实际市场交易中,在仿冒钻石、制作仿钻石首饰方面大显身手的是各种各样的人工宝石。

(1)合成碳硅石。又称莫依桑石,英文名称为synthetic moissanite,化学组成为碳化硅(SiC),中级晶族,六方晶系,金刚光泽,无解理,摩氏硬度为9.25,密度为$3.22g/cm^3$,折射率为2.648~2.691,双折射率为0.043,非均质体,一轴晶,正光性。

合成碳硅石的历史可追溯到100多年前,Edward G. Acheson于1893年在试图合成钻石过程中偶然发现这种高硬度并可作为研磨材料的合成物质。不久,诺贝尔奖获得者化学家Henri Moissan在迪亚布洛峡谷陨石中发现天然的碳化硅矿物。1905年,Kunz用"moissanite"来命名这种天然的碳化硅矿物,以表达对Henri Moissan的敬意。后来,陆续出现有关合成碳硅石的报道,但多数产品是有颜色的,难以达到仿制近无色钻石的效果。1997年秋季,美国北卡罗来纳州的C3公司(C3 Inc.,现更名为Charles & Colvard公司)成功地推出他们的新产品——近无色的合成碳硅石,并于1998年初投入市场,是当时一种最新的钻石仿制品。

(2)合成立方氧化锆。也被称为"俄国钻""苏联钻"等,英文名称为synthetic cubic zircon,化学组成为二氧化锆(ZrO_2),高级晶族,等轴晶系,亚金刚光泽,无解理,摩氏硬度为8.5,密度为$5.89g/cm^3$,折射率为2.150,均质体。

合成立方氧化锆是两位德国化学家(Von Stadkelberg和Chudoba)于1937年在高度蜕晶化的锆石中发现的微小颗粒。当时这两位科学家没有给它定矿物学名称,所以至今仍沿用它的晶体化学名称"立方氧化锆"。1972年,苏联的研究人员(Aleksandrov等)使用了一种称为"冷坩埚熔壳法"的技术,生长出了熔融温度高达2800℃左右的立方氧化锆晶体。1976年起,苏联把无色的合成立方氧化锆作为钻石仿制品推向市场,由于与钻石的相似度高,它迅速地取代了其他的钻石仿制品。

(3)合成刚玉。英文名称为synthetic corundum,化学组成为氧化铝(Al_2O_3),中级晶族,三方晶系,强玻璃光泽,无解理,可见裂理,摩氏硬度为9,密度为$4.00g/cm^3$,折射率为1.762~1.770,双折射率为0.008~0.010,非均质体,一轴晶,负光性。

20世纪初,随着维尔纳叶(Verneuil)焰熔法生长晶体的成功,焰熔法合成的无色蓝宝石是较早用来仿冒钻石的合成宝石之一,另外一个是焰熔法合成无色尖晶石,并称为diamondite。

(4)合成尖晶石。英文名称为synthetic spinel,化学组成为镁铝氧化物($MgAl_2O_4$),高级晶族,等轴晶系,玻璃光泽,无解理,摩氏硬度为8,密度为$3.64g/cm^3$,折射率为1.728,均质体。

1908年,L.帕里斯在用焰熔法合成蓝宝石的过程中,使用Co_2O_3作致色剂、MgO作熔剂,偶然得到了合成尖晶石。合成无色尖晶石由于其玻璃光泽和硬度与钻石的相近,所以粗看与钻石十分类似。

（5）合成金红石。英文名称为 synthetic rutile,化学组成为氧化钛（TiO_2）,中级晶族,四方晶系,亚金刚光泽—金刚光泽,不完全解理,摩氏硬度为 6~7,密度为 $4.26g/cm^3$,折射率为 2.616~2.903,非均质体,一轴晶,正光性。

1947 年,焰熔法合成的金红石问世。合成金红石具有很高的折射率和色散值,切磨抛光后,具有极强的火彩,与钻石外观极为相似。

（6）人造钇铝榴石。英文名称为 YAG（yttrium aluminum garnet-artificial product）,化学组成为 $Y_3Al_5O_{12}$,高级晶族,等轴晶系,玻璃光泽—亚金刚光泽,无解理,摩氏硬度为 8,密度为 4.50~$4.60g/cm^3$,折射率为 1.833,均质体。

1960 年,人造钇铝榴石现身于市场,由于它与钻石相似度高,迅速成为当时常见的钻石仿制品。钇铝榴石是用助熔剂法或提拉法生产的人造晶体,用于首饰的钇铝榴石多采用生产成本较低的提拉法。

另一些与人造钇铝榴石相似的材料,如人造氧化钇（Y_2O_3）、人造铝酸钇（$YAlO_3$）和人造铌酸锂（$LiNbO_3$）等,也都有很高的折射率和色散值,与钻石相接近。但这些材料都是双折射的,有的硬度也较低,很少用作钻石仿制品。

（7）人造钆镓榴石。英文名称为 GGG（gadolinium gallium garnet-artificial product）,化学组成为 $Gd_3Ga_5O_{12}$,高级晶族,等轴晶系,玻璃光泽—亚金刚光泽,无解理,摩氏硬度为 6~7,密度为 $7.05g/cm^3$,折射率为 1.970,均质体。

人造钆镓榴石是一种提拉法生产的人造晶体,切磨成圆明亮琢型之后,具有与钻石相似的外观,钆镓榴石在紫外光的照射下,会变成褐色,并产生雪花状的白色内含物。这种现象会由阳光中所含的紫外光诱发,这成为将它用作钻石仿制品的一项不利因素。

（8）人造钛酸锶。英文名称为 strontium titanate-artificial product,化学组成为钛酸锶（$SrTiO_3$）,高级晶族,等轴晶系,玻璃光泽—亚金刚光泽,无解理,摩氏硬度为 5~6,密度为 $5.13g/cm^3$,折射率为 2.409,均质体。

1953 年,用"彩光石"（Fabulit）的品名见于市场的钛酸锶是一种折射率与色散率都很高的材料。切磨之后,其外观比合成金红石更像钻石。

万能仿制品——玻璃

4000 年前的美索不达米亚和古埃及的遗迹里曾出土有小玻璃珠。大约在公元 4 世纪,古罗马人开始把玻璃应用在门窗上。12 世纪,出现了商品玻璃,并开始成为工业材料。到 1291 年,意大利的玻璃制造技术已经非常发达。1688 年,一名叫纳夫的人发明了制作大块玻璃的工艺,从此,玻璃成了普通的物品。18 世纪,为适应制作望远镜的需要,发明了光学玻璃。1874年，比利时首先制出平板玻璃。1906年，美国制出平板玻璃引上机，此后，随着玻璃生产的工业化和规模化，各种用途和各种性能的玻璃相继问世。现代，玻璃已成为日常生活、生产和科学技术领域的重要材料。

玻璃，英文名称为glass-artificial product，化学组成为二氧化硅（SiO_2），非晶体，玻璃光泽，无解理，摩氏硬度为5～6，密度为2.30～4.50g/cm³，折射率为1.470～1.700（含稀土元素玻璃的折射率为1.800），均质体。

钻石的仿制品主要模仿钻石无色透明，高色散，高折射率的特点，但是它们的热学性质、硬度、密度、包裹体等方面都与钻石有一定差别。因此，掌握钻石仿制品的各项性质（表4-1），便能将钻石与其区分。

表4-1 钻石仿制品的基本性质

	名称	H_M	ρ(g·cm⁻³)	n	双折射率	色散值	商业代号及英文名称
	钻石	10	3.52±	2.417	均质体	0.044	diamond
天然宝石	水晶	7	2.66±	1.544～1.553	0.009	0.013	rock crystal
	锆石（无色透明）	6～7.5	3.90～4.73	1.92～1.98	0.06	0.039	zircon
	蓝宝石（无色透明）	9	4.00±	1.762～1.770	0.010	0.018	sapphire
	托帕石	8	3.53±	1.619～1.627	0.008～0.010	0.014	topaz
	白钨矿（无色透明）	4.5～5	5.8～6.2	1.920～1.937	0.017	0.026	scheelite
	闪锌矿	3～4.5	3.90～4.20	2.37	均质体	0.156	sphalerite
人工宝石	合成碳硅石	9.25	3.22±	2.648～2.691	0.043	0.104	synthetic moissanite
	合成立方氧化锆	8.5	5.8±	2.15±	均质体	0.060	CZ(cubic zirconia)
	人造钇铝榴石	8	4.50～4.60	1.833±	均质体	0.028	YAG
	铅玻璃	5	3.74	1.62±	均质体	0.031	paste
	合成金红石	6～7	4.26±	2.616～2.903	0.287	0.330	synthetic rutile
	人造钆镓榴石	6～7	7.05±	1.97±	均质体	0.045	GGG
	人造铌酸锂	5.5	4.64±	2.21～2.30	0.090	0.130	lithium niotate
	人造钛酸锶	5～6	5.13±	2.409±	均质体	0.190	strontium trtanate-artificial product
	合成尖晶石	8	3.52～3.66	1.728±	均质体	0.020	synthetic spinel

三、钻石仿制品的鉴别方法

合成立方氧化锆、人造钛酸锶、人造钆镓榴石、人造钇铝榴石、合成金红石、合成刚玉、合成尖晶石和玻璃等都可以做成钻石仿制品。但是它们与钻石相比,都有明显的不同,容易被识别出来。如人造钛酸锶和合成金红石的色散(火彩)强、硬度低;合成刚玉、合成尖晶石和人造钇铝榴石的色散较弱,火彩不足;玻璃的硬度低,通常含有气泡和旋涡纹;人造钆镓榴石和合成立方氧化锆的密度非常大。此外,这些仿制品的导热性与钻石的导热性有明显的差异,用热导仪可方便快捷地鉴别出来。

1. 肉眼观察

1)光泽

由于折射率高,加工后的钻石呈现金刚光泽,而大部分钻石仿制品由于折射率较低,通常呈现玻璃光泽—强玻璃光泽(图4-2、图4-3)。

图4-2 钻石仿制品(合成立方氧化锆)的亚金刚光泽(左)和钻石的金刚光泽(右)(钻石反光能力较强,几乎看不到亭部刻面,合成立方氧化锆相反)

图4-3 钻石仿制品(合成尖晶石)的玻璃光泽(左)和钻石的金刚光泽(右)

2)火彩

钻石的高折射率值和高色散值导致天然钻石具有一种特殊的火彩,特别是切割完美的钻石,其火彩非常明显。有经验的人可通过识别这种特殊的火彩来区分钻石与钻石仿制品。需要说明的是一些钻石仿制品,如合成立方氧化锆、人造钛酸锶等,由于它们的某些物理性质参数与钻石的比较接近,亦可出现类似钻石的火彩,但钻石仿制品所表现出的火彩不是太弱就是太强,在鉴定时应予以细心区别(图4-4~图4-7)。

图 4-4 钻石的火彩

（钻石色散值 0.044）

图 4-5 合成立方氧化锆的火彩

（合成立方氧化锆色散值 0.060）

图 4-6 合成碳硅石的火彩

（合成碳硅石色散值 0.104）

图 4-7 合成尖晶石的火彩

（合成尖晶石色散值 0.020）

2. 放大镜观察鉴别

10 倍放大镜是鉴定钻石的一个重要工具，鉴定人员完全可以凭借 10 倍放大镜来完成钻石的鉴定和 4C 分级。

显微镜的作用与 10 倍放大镜的作用基本相同，所不同的是显微镜的视域、景深和照明条件均优于放大镜。显微镜通常只在实验室中使用，利用显微镜观察高净度级别的钻石是十分必要的。

1）观察切磨特征

钻石是一种贵重的高档宝石，其切磨质量要求很高，而钻石仿制品相对价格低廉，切磨质量往往较低，不易与钻石混淆。

(1) 刻面特征。通常钻石成品刻面平滑,很少出现大量的抛光纹等,同种刻面形状、大小差异较小,总体的切磨比率较好。而钻石仿制品的表面经常出现各种抛磨痕迹(图4-8),同种刻面形状、大小差异明显,切磨比率较差(图4-9),有破损(图4-10)等现象,但是也有例外(图4-11)。

图4-8 钻石仿制品(左:托帕石)刻面磨损痕迹与钻石(右)对比

图4-9 钻石仿制品(合成立方氧化锆)同种刻面形状差异大

图4-10 钻石仿制品(合成碳硅石)贝壳状断口

图4-11 合成碳硅石切工比率良好,同种刻面等大

(2) 棱线特征。由于钻石的摩氏硬度最高,两个面相交形成的刻面棱纤细、尖锐、锋利(图4-12),而钻石仿制品由于摩氏硬度较低,呈现明显圆滑、圆钝的棱线(图4-13),常常磨损严重(图4-14、图4-15)。

(3) 交点特征。这里的交点是指3个或3个以上刻面的交会尖点,钻石的切工一般较好,比率适中,修饰度好(很少出现大量的"尖点不尖""尖点不齐"等修饰度方面的问题)。而钻石仿制品通常会出现大量"尖点不尖""尖点不齐"等由交会尖点引发的修饰度问题(图4-16),但是也有例外(图4-17)。

钻石的基本特征及鉴别 模块二

图 4-12 钻石仿制品(左:合成尖晶石)圆钝棱线与钻石(右)锋利棱线

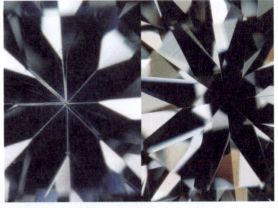

图 4-13 钻石仿制品(左:合成尖晶石)亭尖附近磨损的棱线与钻石(右)的棱线

图 4-14 钻石台面刻面棱线完好

图 4-15 钻石仿制品(合成立方氧化锆)台面刻面棱线有破损

图 4-16 钻石仿制品(合成立方氧化锆)中的尖点不对齐现象

图 4-17 钻石仿制品(合成碳硅石)中尖点全部对齐现象

· 55 ·

(4)腰棱特征。由于钻石的硬度很大,在加工时,绝大多数钻石的腰部不抛光而保留粗面,这种粗糙而均匀的面呈毛玻璃状,又称"砂糖状"(图4-18)。而钻石仿制品由于硬度小,虽然腰部亦不精抛光,但在粗面上仍保留着打磨时的痕迹,如可见平行排列的抛光磨痕等。

此外,在钻石的切磨过程中,为了保留质量,常在某些钻石的腰棱及其附近可见原始晶体的晶面和三角座(图4-19)等天然生长痕迹、"胡须腰"(过分粗磨,小的初始解理从腰棱向里延伸而成,又称须状腰)(图4-20)及"V"形破口等。

图4-18 砂糖状粗磨腰

图4-19 钻石表面三角座　　　　　　　　图4-20 须状腰

2)观察内含物特征

用内含物区分钻石和钻石仿制品,主要从重影现象、内部包裹体、生长结构3个方面观察。

(1)重影现象。钻石是均质体,不可见重影现象,对于非均质体的钻石仿制品,放大镜下观察时常见重影现象(图4-21),例如合成碳硅石(图4-22)、合成金红石、锆石等。

(2)内部包裹体。钻石内部常含晶体包裹体,晶体包裹体的类型有磁铁矿、赤铁矿、金刚石、透辉石、顽火辉石、石榴子石、橄榄石、锆石和石英等(图4-23),钻石中的晶体常被应力

图4-21 钻石仿制品的重影现象

图4-22 合成碳硅石

裂隙所环绕,可见铁染的裂隙和含黑色薄膜的裂隙以及云状物等(图4-24);而部分人造钻石仿制品则内部通常比较干净,偶尔可见圆形气泡、大量平行针状包裹体(图4-25)等。这是钻石与其他人工钻石仿制品的根本区别。

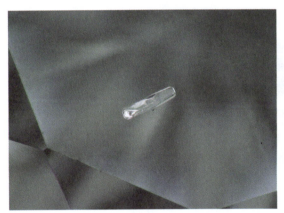
图4-23 钻石中可见晶体包裹体

图4-24 钻石中可见铁浸染的黄色裂隙

(3)生长结构现象。实际观察中,钻石在表面或内部可见一些平行的生长纹路,在钻石的腰棱打圆过程中,出于保重的目的可见天然晶面留下的痕迹,包括各种溶蚀凹坑(图4-26)、三角座等,而钻石仿制品中基本不可见生长纹和腰部的溶蚀凹坑。

3. 钻石的简易识别方法

1)透过率(线条实验)

线条实验

将标准圆钻型切工的样品台面向下放在一张有线条的纸上,如果是钻石则看不到纸上的线条,否则为钻石仿制品(图4-27)。这是因为在一般情况下,圆钻型切工钻石的设计就是让所有由冠部射入钻石内部的光线,通过折射与全内反射,最后由冠部射出,几

图4-25 可见合成碳硅石针状包裹体的钻石仿制品

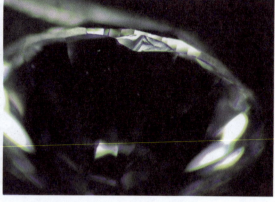
图4-26 钻石的内凹原始晶面

乎没有光能够通过亭部刻面,因此纸上线条在这种情况下是看不到的。但是应该注意的是,其他宝石通过特殊的设计加工,也有可能达到同样的效果;而对于切工比率差的钻石或者异形钻石有时也可能看到线条。

合成立方氧化锆　　　　钻石　　　　合成碳化硅

图4-27 人造钻石与天然钻石的线条实验

2) 亲油斥水性实验

钻石具有独特的亲油斥水性,具体表现为两个方面。

(1) 油笔划线。当用油性笔在钻石表面划过时,可留下清晰而连续的线条;当划过钻石仿制品表面时,墨水常常会聚成一个个小液滴,不能出现连续的线条。

(2) 托水实验。又称托水性实验。充分清洗样品,将小水滴点在样品上,如果水滴能在样品的表面保持很长时间,则说明该样品为钻石;如果水滴很快散开,则说明样品为钻石仿制品。

托水性实验

(3) 呵气实验。钻石的导热性极强,对着钻石呵气,钻石表面的水汽会迅速冷凝,形成一层薄薄的雾气。观察钻石颜色时,这一性质常用来避免反射光的干扰,有效提高分级的准确性。雾气形成时,注意观察雾气挥发的情形。若为天然钻石,雾气将立即散去;反之,雾气会在钻石仿制品上维持短暂的时间才会散去,维持的时间比天然钻石的长。

呵气实验

(4)"闪烁"色观察。用镊子或宝石夹将宝石亭部朝上放在显微镜架子边缘,用暗场照明,前后轻轻摇动宝石并观察来自亭部刻面的色散"闪烁"色。钻石及常见钻石仿制品的"闪烁"色分别如下:钻石,主要为橙色、蓝色;合成立方氧化锆,主要为橙色;人造钛酸锶,呈多种光谱色;人造钇铝榴石,主要为蓝色和紫色;人造钆镓榴石,同钻石"闪烁"色。

4. 使用宝石实验室常规仪器鉴别

钻石和钻石仿制品由于物理性质参数不同,在宝石实验室常规仪器检测下较易区分。

1)折射率检测

钻石的折射率为2.417,超出了折射仪的测试范围。除个别钻石仿制品的折射率超过1.78外,绝大部分的钻石仿制品可利用折射仪测试出折射率,检测折射率可有效地区分大部分钻石与钻石仿制品。

2)光性检测

钻石为均质体,而水晶、锆石、无色蓝宝石、托帕石、合成碳硅石及白钨矿等均为非均质体,用偏光镜很容易将它们区分开来,但应注意钻石的异常消光、假消光及高射率材料切磨成标准圆钻型后的全亮现象。

3)发光性检测

这里的发光性是指在长波紫外光照射下的钻石发光性,绝大部分钻石在该条件下发出的是强弱不等的蓝色—白色荧光,也有些钻石不发荧光(图4-28~图4-30),但是钻石仿制品的发光性较为稳定(图4-31~图4-33)。

钻石的荧光差异性在检测照射首饰时是非常有用的鉴别方法。若在同种能量的照射下,样品出现荧光强度和荧光色调不一的情况,则表明被检测样品是钻石的概率很高。

图4-28 自然光下的钻石发光性

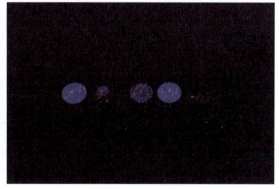

图4-29 长波紫外光(LW)下的钻石发光性

4)相对密度检测

对于未镶嵌的裸钻和毛坯,相对密度测量也是鉴别钻石真伪的有效手段,相对密度测量

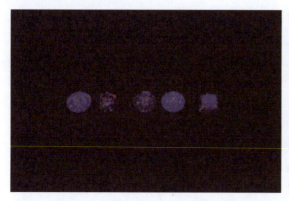
图 4-30 短波紫外光(SW)下的钻石发光性

图 4-31 自然光下的钻石仿制品发光性

图 4-32 长波紫外光(LW)下钻石仿制品的发光性

图 4-33 短波紫外光(SW)下钻石仿制品的发光性

可采用静水称重法,建议用四氯化碳或酒精作为介质,以使测量值更精确,也可以利用二碘甲烷密度液进行测试。

5) 吸收光谱检测

天然产出的钻石绝大多数是 Ia 型(约占 98%),由氮元素致色。这类钻石在 415.5nm 处有一条吸收线,因此,使用分光镜观测 415.5nm 吸收线对于钻石的鉴定,特别是对于区分天然钻石与合成钻石十分有效。由于 415.5nm 吸收线位于紫区,普通的分光镜分辨率较低,又靠近谱图端缘,所以不易被观察到。

随着科技的不断发展,人们已能够采用 U-V 紫外分光光度计并应用低温技术准确测量钻石的吸收光谱。

1996 年,戴比尔斯所在的研究部门推出的 DiamondSure 仪器,用于天然钻石和合成钻石的鉴别,该仪器采用分光光度计的原理,专门测量样品是否具有 415.5nm 吸收线。目前国内也有类似的光纤光谱仪用于检测钻石的吸收光谱。

6) 导热性检测

合成碳硅石出现前,热导仪为最常见的钻石鉴别工具。自合成碳硅石出现后,由于其导热性与钻石相近,钻石从业者在应用热导仪检测后,需要通过放大检查观察双折射或应用合成碳硅石再次验证。

热导仪实验

钻石热导仪的构造一般均为探笔式,仪器上有一排 12 个长方形的发光二极管(图 4-34)。使用时,先接通电源通过加热预热几分钟,当刻有"LAMP ON READY OK"的窗口亮起红灯时,表明探针已烧热,可以开始进行测定了。将探针垂直地与被检测样品接触,此时,剩余的二极管将可能逐个发亮,若发亮的二极管总数为 9 个或者超过 9 个时,同时,仪器发出"滴、滴、滴"断断续续地叫声,表示所测样品为钻石;如果发亮的二极管总数低于 9 个,且仪器不发出声音,则所测样品为钻石仿制品。

图 4-34 钻石热导仪(探笔式)

7) 导电性检测

钻石具有导电性,可能的原因有两种。一种可能性是钻石为Ⅱb 型,第二种可能性是钻石内部含有金属包裹体。而钻石仿制品大部分内部干净且为绝缘体,较易与Ⅱb 型钻石和含有金属包裹体的钻石区分开来。

8) X 射线透射

钻石具有低原子量,X 射线能轻易地穿透碳原子,而钻石的仿制品多数是由大原子量的原子组成,如立方氧化锆原子量是钻石的 6 倍多,能够吸收 X 射线。钻石的这一特性可用于它与钻石仿制品的鉴别。测试方法是在一个有 X 射线源的实验室内,将被测宝石放在摄影胶片上,用 X 射线照射,钻石会让 X 射线透过并使胶片曝光;而钻石仿制品则吸收 X 射线,胶片不会曝光。

(1) 自己动手按照上面的方法试一试,看看是不是这样?

(2) 请按照下列流程图(图 4-35)鉴别钻石与钻石仿制品。

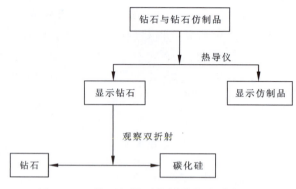

图 4-35　钻石与钻石仿制品的鉴别流程图

"钻石恒久远,一颗永流传"

这是戴比尔斯公司 1953 年的钻石推广用语,原文是"The Diamond is Forever",中文翻译为"钻石恒久远,一颗永流传"。1993 年,DTC(Diamond Trading Company)带着这句广告语成功进入中国,并用了超过 5 年的时间使中国消费者开始广泛地接受钻石文化,钻石消费也逐渐成为中国人结婚时的习惯之一。

任务二　钻石与合成钻石的鉴别

一、HTHP 合成钻石的鉴别

天然钻石与合成钻石的鉴别

宝石级合成钻石主要采用 BARS 压力机生产,该方法成本低、体积小,但每次只能合成一颗钻石。BELT 压带机体积大、成本高,每次可合成多颗钻石,多用于生产工业钻石。目前首饰用合成钻石的主要生产国有俄罗斯、乌克兰、美国、中国等。我国山东、河南等地近年也大规模地合成钻石,早期以 HTHP 合成钻石为主,近两年 CVD 合成钻石工艺也取得重大进展。

HTHP 合成钻石主要利用了钻石和石墨为同质多象变体的特性,在高温高压下将石墨向钻石的晶体结构转化。钻石和石墨都是由碳元素组成,但是两者的结构不同(图 4-36)。钻石具有立方面心格子构造(图 4-37);石墨的层内碳原子以共价键相结合,层与层之间的碳原子以分子键结合。两者由于结构不同,导致它们在晶体形态、物理化学性质等方面有很大的差异。

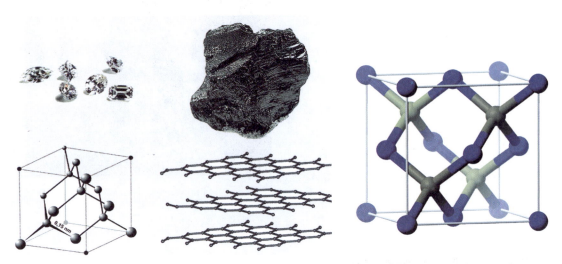

图 4-36 同质多象（左边为钻石、右边为石墨）　　图 4-37 钻石面心格子构造

HTHP 合成钻石的主要物理、化学性质与天然钻石类似，其主要区别在以下几个方面：

1. 肉眼观察鉴别

（1）颜色。大多数 HTHP 合成钻石以黄色、褐黄色、褐色为主，价格很有竞争力，可以作为同种天然彩色钻石的替代品。而蓝色和近无色等颜色的合成钻石由于技术难度大，成本高，市面流通较少。

（2）结晶习性。高温高压法合成钻石的晶体（图 4-38）多为八面体$\{111\}$与立方体$\{100\}$的聚形，晶形完整。晶面上常出现不同于天然钻石表面特征的树枝状、蕨叶状、阶梯状等图案，并常可见到种晶。由于合成钻石中常形成多种生长区，不同生长区中氮元素和其他杂质的含量不同，导致了其折射率的轻微变化，在显微镜下可观察到生长纹理和不同生长区的颜色差异。

图 4-38 HTHP 合成钻石晶体

2. 使用宝石实验室常规仪器鉴别

（1）异常双折射。在正交偏光下观察，天然钻石常具弱—强的异常双折射，干涉色颜色多样，多种干涉色聚集形成镶嵌图案。而 HTHP 合成钻石异常双折射很弱，干涉色颜色变化不明显。

（2）吸收光谱。天然的无色—浅黄色系列钻石具开普线，即在 415.5nm、452nm、465nm 和 478nm 处的吸收线，特别是 415.5nm 吸收线的存在是指示无色—浅黄色系列钻石为天然钻石的确切证据。HTHP 合成钻石则缺失 415.5nm 吸收线。

(3) 内含物特征。HTHP 合成钻石内常可见到细小的铁或镍铁合金触媒金属包裹体(图 4-39)、种晶(图 4-40)和色带(图 4-41),净度以 P、SI 级为主,个别可达 VS 级甚至 VVS 级。金属包裹体一般呈长圆形、角状、棒状、平行晶棱或沿内部生长区分界线定向排列或呈十分细小的微粒状散布于整个晶体中。在反光条件下,这些金属包裹体可见金属光泽,因此,部分合成钻石可具有磁性。色带一般呈不规则形状、沙漏形等。

图 4-39　HTHP 合成钻石中的铁镍合金包裹体

图 4-40　HTHP 合成钻石中的种晶

图 4-41　HTHP 合成钻石沙漏状生长结构

4) 发光特征。HTHP 合成钻石在长波紫外光下的荧光常呈惰性,而在短波紫外光下因受自身不同生长区的限制,其发光性图案具有明显的分带现象(图 4-42～图 4-44),为无—中等的淡黄色、橙黄色、绿黄色等不均匀的荧光,局部可见磷光,使用 DiamondView 仪器可进行有效观察。

此外,针对国内市场大量出现的天然钻石厘石中部分混入 HTHP 合成钻石这种给检测带来极大困难的情况,有关机构研发出利用钻石荧光和磷光快速筛选厘石的仪器,有效地解决了这一问题。超短紫外光钻石荧光磷光检测仪近两年已经研发成功,并投入市场。

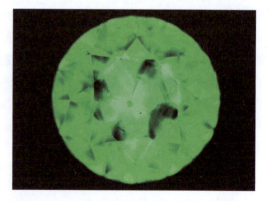

图 4-42　DiamondView 下 HTHP 合成钻石荧光特征

钻石的基本特征及鉴别 模块二

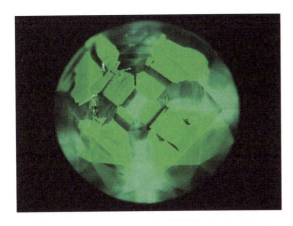

图 4-43 DiamondView 下 HTHP 合成钻石荧光特征

图 4-44 DiamondView 下 HTHP 合成钻石荧光特征

HTHP 合成钻石的不同生长区因所接受的杂质成分(如氮元素)的含量不同,而导致在阴极发光或超短波紫外光下显示不同的颜色和不同的生长纹等。这些生长结构的差别导致天然钻石和合成钻石在阴极发光下具有截然不同的特征。

二、CVD 合成钻石的鉴别

CVD 钻石合成技术出现于 1952 年,其合成方法有微波等离子法、热丝法、火焰法。在低压环境下可以在硅或金属基底上合成多晶 CVD 钻石材料(在工业上应用广泛),也可以在单晶钻石基底上合成单晶(图 4-45)。

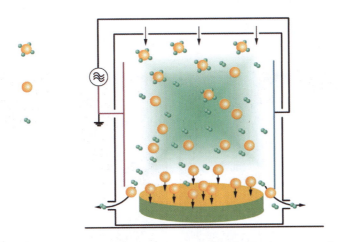

图 4-45 CVD 合成钻石示意图

CVD合成钻石的鉴别可从结晶习性、内含物、异常双折射、色带等几个方面进行。

1. 肉眼观察鉴别。

（1）颜色。CVD合成钻石多为暗褐色和浅褐色，也可以生长近无色和蓝色的产品。

（2）结晶习性。CVD合成钻石呈板状（图4-46），(111)和(110)面不发育（图4-47）；HTHP合成钻石则(111)和(110)面发育；天然钻石常呈八面体晶形或菱形十二面体晶形及其聚形，晶面有溶蚀现象。

图4-46 呈板状的CVD合成钻石晶体

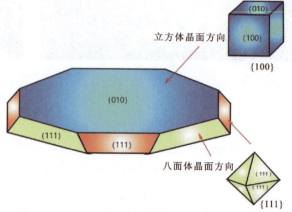

图4-47 CVD合成钻石晶体聚形分解素描图

2. 使用宝石实验室常规仪器鉴别

（1）光性。CVD合成钻石有强烈的异常消光，不同方向上的消光有所不同。

（2）吸收光谱。具有575nm、637nm强吸收线。

（3）内含物特征。白色云雾状、黑色包裹体，一般内部较为干净，可达到VS或VVS级。

（4）发光特征。在长短波紫外光的照射下，CVD合成钻石通常有弱的橘黄色荧光。另外还可根据红外光谱、X射线形貌图、DiamondSure、DiamondView（图4-48）等手段或仪器进行鉴别。

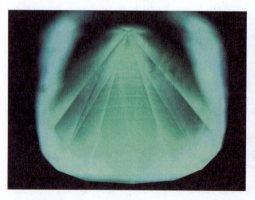
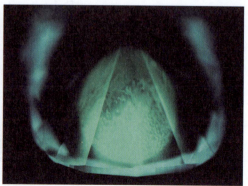

图4-48 CVD合成钻石在DiamondView下的荧光特征

知识链接

合成宝石级钻石的发展

1953年，人工合成钻石首次在瑞士ASEA公司试制并获得成功。随后，1954年，美国通用公司合成钻石成功。1970年，美国通用公司首次合成出宝石级钻石，但其颜色呈黄色。1988年，英国戴比尔斯公司人工合成了重达14ct浅黄色、大颗粒、透明的宝石级金刚石，呈八面体歪晶。

2015年5月22日，IGI香港实验室鉴定了世界上最大的无色HTHP合成钻石，该合成钻石重达10.02ct，采用方形祖母绿形切工。该钻石是由一颗创纪录的32.26ct HTHP合成钻石毛坯打磨而成。

2016年早期，曾有2粒超过3ct的样品作为当时最大的CVD合成品见诸报道。GIA最近检测到了一粒CVD合成钻石质量超过5ct，这是里程碑式的跨越。这粒5.19ct的样品为改良的方垫形明亮琢型，粒径10.04×9.44×6.18mm，被送到GIA香港实验室按要求进行分级。

到目前为止，已知有3种合成钻石的方法：

(1)静压法，包括静压触媒法、静压直接转变法、晶种触媒法。

(2)动力法，包括爆炸法、液中放电法、直接转变六方钻石法。

(3)在亚稳定区域内生长钻石的方法，包括气相法、液相外延生长法、气液固相外延生长法、常压高温合成法。

目前，合成宝石级钻石的主要方法是静压法(属于高温超高压法，又称为HTHP法，可分为BELT法和BARS法)和化学气相沉淀法(CVD)。

任务三 钻石及其优化处理品的鉴别

由于钻石珍贵、稀有，其产量远远不能满足人们的需求。因此，人们一方面进行人工合成钻石的研究，另一方面千方百计地优化处理钻石。目前钻石的处理方法按照其目的可分为两大类：一类是基于改善颜色为目的的辐照处理、高温高压处理和表面处理；另一类是基于提升净度为目的的裂隙充填处理、激光处理和复合型处理。

一、颜色处理钻石的鉴别

目前，钻石的颜色处理方法主要有4种：辐照处理法、高温高压处理法、覆膜处理法及CVD外延生长法。

1. 辐照改色钻石的鉴别

辐照改色是利用辐照产生不同的色心，从而改变钻石的颜色，辐照改色钻石几乎可以呈任何颜色。如用中子进行辐照，褐色钻石可改变为美丽的天蓝色、绿色（图4-49）。值得注意的是，这种辐照改色方法只适用于有色且颜色不理想的钻石。

辐照改色钻石的鉴别可从以下3个方面进行：

（1）颜色分布特征。天然致色的彩色钻石，其色带为直线状或三角形状，色带与晶面平行。而人工辐照改色钻石颜色仅限于刻面宝石的表面，其色带分布位置及形状与琢型及辐照方向有关。当来自回旋加速器的亚原子粒子从亭部方向对圆多面型钻石进行轰击时，透过台面可以看到辐照形成的颜色呈伞状围绕亭部分布（图4-50、图4-51）。在上述条件下，阶梯型琢型的钻石仅能显示出靠近底尖的长方形色带。当轰击来自钻石的冠部时，则钻石的腰棱处将显示一深色色环；当轰击来自钻石侧面时，则靠近轰击源一侧的钻石颜色明显加深。

图4-49 辐照处理钻石

图4-50 辐照处理钻石产生的伞状效应

(2)吸收光谱。原本含氮的无色钻石经辐照和加热处理后可产生黄色。这类钻石有595nm吸收线,但是在样品辐照后再次加热的过程中,随着温度的不断上升,595nm吸收线将消失。

(3)导电性。含微量元素硼的天然蓝色钻石具有导电性,而辐照而成的蓝色钻石则不具导电性。

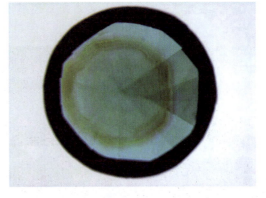

图4-51 辐照处理蓝色钻石的棕色环带

你知道吗?

钻石进行辐照处理的方法有哪些?

最初进行辐照处理的宝石便是钻石。一般来说,钻石辐照处理的方法有镭盐处理、回旋加速器处理、中子辐照和电子辐照等。

(1)镭盐处理:通过将钻石埋于镭盐中而使钻石形成绿色。这种方法会产生长期的放射性。在珠宝行业,这种镭处理致色钻石一直存在。

(2)回旋加速器处理:这种辐照处理方式可以使钻石产生多种颜色,包括绿色、蓝绿色和黑色。辐照完成后,采用加热淬火可以产生黄色—褐色,以及不太常见的粉红色、红色或紫红色。

(3)中子辐照和电子辐照:对钻石进行辐照处理最理想的方法,同其他方法相比,此法所形成的颜色较为均匀。但是,此类钻石的鉴定十分困难,尤其是绿色钻石。

2. 高温高压处理钻石的鉴别

根据处理对象的不同,高温高压处理钻石又分为两大类型。第一类型是以美国通用电器公司(General Electric Company)处理的GE钻石为代表。第二类型是以美国诺瓦公司(Nova Diamond Inc.)处理的诺瓦(Nova)钻石为代表。

(1)GE钻石。GE钻石是指采用高温高压(HTHP)的方法将比较少见的Ⅱa型褐色的钻石(其数量不到世界钻石总量的1%)处理成无色或近无色的钻石,偶尔可出现淡粉色或淡蓝色,该类型又称为高温高压修复型。1999年,General Electric Company(GE)和Lazare Kaplan International(LKI)联合将高温高压钻石推入宝石市场。为避免与天然钻石混淆,在推广初期,GE公同曾承诺在该处理钻石的腰棱用激光侧上"GE POL"或"Bellataire"的标记(图4-52)。但在钻石市场中有人却为了追求额外利润,故意把标记磨去后再投放到钻石市场中,一定程度上造成了钻石市场的混乱(图4-53)。

这些高净度的褐色—灰色钻石,经过处理后的颜色大都在D—G的范围内,但稍具雾状外观,带褐色或灰色调而不是黄色调。GE钻石在高倍放大镜下可见内部纹理,呈羽毛状裂隙,并伴有反光,裂隙常出露到钻石表面,还可见部分愈合的裂隙、解理以及形状异常的包裹体。一些经处理的钻石在正交偏光下还显示出异常明显的应变消光效应。

 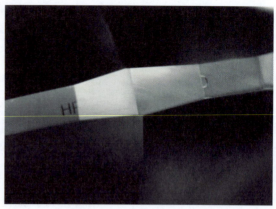

图 4-52　GE 钻石的腰围字印"GE POL"　　图 4-53　被磨去部分的高温高压处理钻石腰围字印

（2）Nova 钻石。是指由采用高温高压（HTHP）方法将常见的 Ia 型褐色钻石处理成鲜艳的黄色—绿色钻石，该类型钻石称为高温高压增强型钻石或 Nova（诺瓦）钻石。

该类型钻石发生强的塑性变形，强烈的异常消光，没有分区的强黄绿色荧光并伴有白垩状荧光。实验室内通过大型仪器的谱学研究，可把 Nova 钻石和天然钻石区分开。这些钻石刻有"Nova"标识，并附有唯一的序号和证书。

你知道吗？

何谓高温高压处理钻石？

高温高压（HTHP）处理是近年受到关注的新的优化处理方式。它是将由于塑性变形产生结构缺陷而致色的褐色钻石，放在高温高压炉中进行处理，改善或改变钻石颜色的方法。也就是说这些褐色钻石经受非常高的压力和温度，塑性形变得以修复或改变，钻石的褐色可褪成无色，也可改变为黄绿色。在全球钻石中只有不到 1% 的钻石适用于这种处理。

这种由美国通用公司处理并由 LKI 公司销售的钻石在腰棱处刻有"Bellataire-year-serialnumber"字样，早先的钻石上刻的是"GE-POL"字样。

3. 覆膜处理钻石的鉴别

为了改善钻石的颜色，有的是在钻石表面涂上薄薄一层带蓝色的、折射率很高的物质，这种方法可使钻石的颜色提高一两个级别。也有的在钻石表面涂上墨水、油彩、指甲油等；还有的在钻戒底托上加上金属箔。这些方法很原始，也极易鉴别。

4. CVD 外延生长法处理钻石的鉴别

利用化学气相沉淀法即 CVD 在钻石表层生长钻石膜可增加质量,生长有色膜还可改变钻石的外观(图 4-54)。

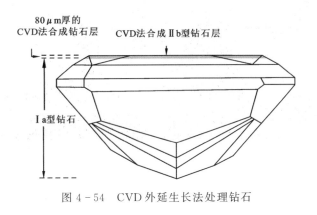

图 4-54　CVD 外延生长法处理钻石

二、净度处理钻石的鉴别

1. 裂隙充填处理钻石的鉴别

对有开放裂隙的钻石进行充填处理,可以改善其净度及透明度。第一个商业性的钻石裂隙充填处理出现在 20 世纪 80 年代,由以色列 Ramat Zvi Yehuda 生产,在商业中称为吉田法;20 世纪 90 年代初,以色列的 Koss Shechter 钻石有限公司生产出了相似的产品,它是在钻石的裂缝中充填了透明材料,称为高斯法;另外,纽约也生产了奥德法(Goldman Oved)的裂隙充填钻石(图 4-55),并在处理后钻石的一个风筝面上留有印记。充填物一般为高折射率的玻璃或环氧树脂。钻石经过裂隙充填可提高视净度。依据《钻石分级》(GB/T 16554—2017)的规定,经过裂隙充填的钻石再不进行分级。

闪光效应是裂隙充填钻石鉴定的重要特征。观察闪光效应需要在显微镜翻转下对宝石裂隙进行观察,充填裂隙的闪光颜色可随样品的转动而变化。总体来说,暗域照明下,裂隙上如果出现大面积橙黄色、紫红色、粉色或粉橙色裂隙;亮域照明下,裂隙上如果大面积出现蓝绿色、绿色、绿黄色或黄色,则可判定为闪光效应(图 4-56)。

钻石体色将影响闪光效应的观察,无色—微黄色体色的钻石,闪光效应一般较明显。当闪光效应的颜色色调与钻石体色不同时,观察变得较容易,如黄色钻石中的蓝色闪光效应。相反,钻石体色与闪光效应的色调相同或相近时,观察较困难。如深黄色—棕色的钻石,具有橙色闪光效应,粉色钻石可以见到粉色—紫色的闪光效应。

图 4-55　奥德法（Goldman Oved）公司印记

图 4-56　裂隙充填钻石闪光效应

2. 激光打孔处理钻石的鉴别

（1）传统的外部激光打孔处理技术。此技术于 20 世纪 60 年代引入中国。当钻石中含有固态包裹体，特别是含有有色包裹体和黑色包裹体时，钻石的净度会受到很大的影响。根据钻石的可燃性，利用激光技术在高温下可以对钻石进行激光打孔，然后将化学试剂沿孔道灌入钻石之中，将钻石中的有色包裹体溶解清除，并充填玻璃或其他无色透明物（图 4-57）。激光打孔处理钻石，由于表面留有永久性的激光孔眼，而且因为充填物的硬度与钻石的不同，往往会形成难以观察到的凹坑，但对有经验的钻石专家来说，只要认真仔细地观察钻石的表面，鉴别起来并非是很困难的事情。近年来，激光打孔技术已取得重大进展，激光孔直径可达 0.015mm，这意味着激光孔在钻石鉴定中有可能会被忽略。

（2）KM 内部激光打孔技术。此技术于 2000 年引入我国，KM（Kiduah Meyuhad）来自西伯来语，是"特别打孔"的意思，可有两种处理方法。

A. 破裂法（裂化技术）：只用于有明显的近表面包裹体并伴有裂隙或裂纹的钻石，激光将包裹体加热、产生足够的应力以使伴生的裂隙延至钻石表面，这种次生裂隙看起来与天然裂隙相似。但这种处理方法如果掌握不好，容易使钻石产生破裂。

B. 缝合法（裂隙连接技术）：采用新的激光打孔技术可将钻石内部的天然裂纹与表面的裂隙连接起来，在钻石的表面产生平行的外部孔，看起来像天然裂纹，然后通过裂隙对钻石内部的包裹体进行处理（图 4-58）。

（3）未知的新型激光打孔处理技术。该种方法利用一条激光孔道可同时处理掉几个包裹体。通过激光来回切削，使孔道如同天然侵蚀的一样，让人以为是一条通达钻石内部包裹体的天然通道。另外还有通过激光切面进行处理的方式，形成类似钻石天然裂隙的切面而让人难以区分（图 4-59）。

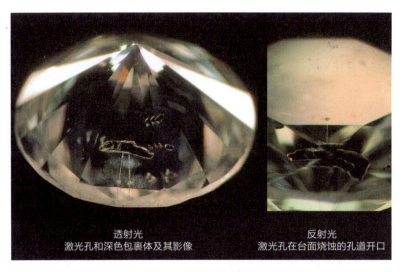

图4-57 激光打孔处理钻石

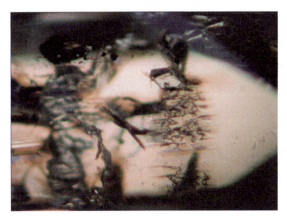

图4-58 KM处理钻石的典型特征(拍摄：Eric Erel)

图4-59 未知新型激光处理方法

你知道吗？

钻石激光打孔的方法和步骤

钻石常用激光打孔的方式以减少深色包裹体的明显影响。用激光束烧出直径小于 0.02mm 的细孔，使孔穿过钻石到达包裹体。包裹体可用激光束烧掉或用酸去除。随后可用玻璃或环氧树脂将孔充填以防止尘埃进入。具体步骤如下：

(1) 选取需处理的钻石样品，确定暗色包裹体的方位。

(2) 确定离暗色包裹体最近的刻面。

(3) 垂直刻面，发射脉冲激光，激光烧蚀孔在到达包裹体处后停止。

(4) 加热，沿激光孔扩充裂隙，使裂隙到达表面。

(5) 将钻石放入 HF、H_2SO_4 或 HCl 中煮沸，包裹体被溶蚀。

(6) 将激光孔或裂隙用高折射率玻璃填充。

三、拼合处理钻石的鉴别

拼合处理钻石是由钻石（作为顶层）与廉价的水晶或合成无色蓝宝石等（作为底层）黏合而成的，黏合技术非常高，将它镶嵌在首饰上，将黏合缝隐藏起来，不容易被人发现。在这种宝石台面上放置一个小针尖，就会看到两个反射像，一个来自台面，另一个来自黏合面，而天然钻石不会出现这种现象。仔细观察，无论什么方向，天然钻石都因其反光闪烁，不可能被看穿。拼合处理钻石则不同，因为其下部分是折射率较低的矿物，拼合钻石的反光能力差，有时光还可透过。

"沙皇"

"沙皇"——淡黄色的钻石，呈棒槌形（图 4-60）。为了尽量地减少损失，原石只是经过打磨而没有进行切割，从 95ct 打磨至 88.7ct，玲珑剔透，十分难得。另外，非常少见的是，这块钻石的 3 个刻面上都刻有美妙但难以理解的古波斯文，据说是 3 位拥有者的名字。从最早的一个提名来判断，它的发现时间最晚也在 591 年以前。可能产自印度。1892 年，有人将它献给了俄国沙皇尼古拉一世，现存于莫斯科克里姆林宫。

图 4-60 "沙皇"

四、钻石鉴定仪器

随着科学技术的发展，钻石鉴定仪器的使用范围和有效性也有了大幅的提高，得到了珠宝质检机构的认可。目前，在珠宝鉴定领域，主要有以下几种鉴定仪器（图 4-61）。

1. D-Screen

2004 年，比利时钻石高阶层会议（HRD）发明了 D-Screen，这种仪器识别钻石的能力很强，体积很小，便于携带，易于操作，是一款性价比很高的钻石鉴定仪器，它能在无色—近无色的钻石（色级在 D—J 范围内），将合成钻石或高温高压（HTHP）处理钻石识别出来的仪器。

模块二 钻石的基本特征及鉴别

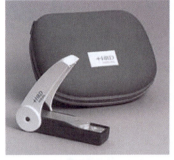
D-Screen

DiamondSpotter

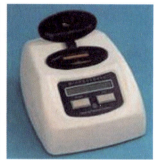
DiamondSure

DiamondPlus Ⅱ

激光拉曼光谱仪

DiamondView

图 4-61　新型钻石鉴定仪器

D-Screen 的工作原理是不同类型的钻石透射紫外光的性能不同，Ⅱ型钻石透紫外光的能力大于Ⅰ型钻石。

2. DiamondSpotter

2001 年，瑞士宝石研究所的 Haenni 博士，由于受到 HTHP 处理的 GE POL 钻石的困扰，依据Ⅰ型钻石和Ⅱ型钻石的紫外透光性差异，研制出钻石鉴定仪器——DiamondSpotter。

3. DiamondSure

1998 年，戴比尔斯研制出功能类似的仪器——由 GIA 英国仪器公司销售的 DiamondSure。DiamondSure 的工作原理是依据大多数天然无色钻石具有 415nm 吸收线，而合成钻石、HTHP 处理的无色钻石缺失 415nm 的吸收线，从而可以快速识别天然钻石。

4. DiamondView

经过 DiamondSure、DiamondSpotter 或者 D-Screen 挑拣出来的钻石有 3 种可能：合成钻石、高温高压处理钻石和天然钻石。因此，还需对样品进行进一步地鉴定。

DiamondView的使用方法

1994 年，奥地利 Polahno 博士在英国宝石协会的 J.Gemmology 杂志上揭示了合成钻石发光图案的特征，同时，Polahno 博士发现 HTHP 方法处理的钻石其阴极发光具有所谓的

"沙钟状"图案,CVD方法合成的钻石则具有与众不同的橙色发光和纹理。

戴比尔斯的研究人员改进了使钻石产生发光性的方法,研制出DiamondView,采用超短波紫外光代替电子束作为荧光的激发源,避免了抽真空的环节,更便于操作。

你知道吗？

阴极发光仪的功能

高能量的电子束激发宝石使之发光的现象称为阴极发光,阴极发光仪(图4-62)作为宝石的一种无损检测方法,近年来在宝石的测试与研究中得到了较广泛的应用。最成功的应用就是能迅速有效地区分天然钻石和合成钻石。天然钻石多发出相对均匀的中强蓝色—灰蓝色光,并显示生长环带结构;合成钻石多发黄绿色光,并显示几何对称的生长分区结构。

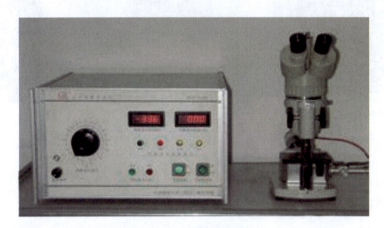

图4-62 阴极发光仪

5. DiamondPlus Ⅱ

针对HTHP处理的GE-POL钻石鉴定困难的现状,2000年,瑞士宝石实验室的研究表明,HTHP处理的无色钻石具有637nm的光致发光峰,这个光谱特征可用激光拉曼光谱仪来识别,如果对样品进行制冷,结果更可靠。2005年,国际钻石商贸公司(DTC)研制出DiamondPlus,专门用于检测HTHP处理的Ⅱ型钻石。

DiamondPlus易于操作,便于携带,相对较便宜,可进行大量检测,但是,需要在液氮制冷的条件下工作。

特别提示

鉴别钻石还可以采用其他的方法,红外光谱仪检测是非常准确的手段,可以区别Ⅰa、Ⅰb、Ⅱa和Ⅱb等不同钻石类型,如果已经装备有红外光谱仪,上述设备就不是非常必要了。

知识链接

钻石标志着什么？（二）

1. 无限权力

历代帝王将名钻视为无限权力的标志，奉为至宝，深藏宫中，世代相传。库里南钻石重3106ct，于1905年1月25日，在南非德兰士瓦矿山由韦尔斯发现，并于1908年2月10日开始切磨。Cullinan-1被命名为"非洲之星"，重530.20ct，是迄今为止加工为成品的最大钻石。它被镶嵌在英国国王的权杖上，象征着至高无上的权利。

2. 艺术魅力

1919年，旅居美国的波兰数学家塔克瓦斯基，根据钻石的临界角，按全反射原理设计出具有58个刻面的标准圆钻型琢型，钻石才以洁白、明亮、闪烁着光彩的高雅外姿，傲居众多宝石之首，表现出神奇的艺术魅力。

3. 永恒存在

金刚石是地球上存在时间最长的矿物，是天长地久的象征，是永恒存在的标志。

练习题

1. 常见的钻石仿制品有哪些？
2. 常见的钻石合成方法有哪些？
3. 如何区分钻石和水晶？如何鉴别钻石和碳化硅？
4. 钻石的优化处理方法有哪些？

实习一　钻石及钻石仿制品的鉴别

一、实习目的
(1)能够在10倍放大镜下对钻石及其仿制品进行鉴别。
(2)掌握在10倍放大镜下钻石及其仿制品的鉴定特点。

二、实习工具及标本
(1)托盘、镊子、钻石布、10倍放大镜、钻石灯、热导仪、紫外荧光灯、偏光镜。
(2)各种钻石标本30粒,钻石仿制品标本10粒。

三、实习指导及实验步骤
(1)肉眼观测钻石的外观特征,包括颜色、光泽、火彩、亮度、透视效应。
(2)在10倍放大镜下观察钻石内部特征(内部包裹体、后刻面棱双影)及外部特征(刻面棱等)。
(3)结合鉴定特征,确定所测宝石是钻石还是钻石仿制品。
(4)用热导仪和10倍放大镜对测量结果进行验证。

模块三
钻石的 4C 分级

钻石分级是指从颜色(color)、净度(clarity)、切工(cut)及克拉质量(carat weight)4个方面(简称 4C)对钻石进行等级划分。钻石 4C 分级标准在国际上基本通用,不同地区也有些许差异。

本书介绍的钻石分级标准和方法是以中华人民共和国国家标准《钻石分级》(GB/T 16554—2017)为参考,主要适用于以下几种情况:

(1)本书中的颜色分级适用于无色—浅黄(褐、灰)色系列的未镶嵌及镶嵌抛光钻石。

(2)本书中的切工分级适用于切工为标准圆钻型的未镶嵌及镶嵌抛光钻石。

(3)本书中的分级规则适用于未经覆膜、裂隙充填等优化处理的未镶嵌及镶嵌抛光钻石。

(4)本书中的分级规则适用于质量大于或等于 0.040 0g(0.20ct)的未镶嵌抛光钻石、质量在 0.040 0g(0.20ct,含)~0.200 0g(1.00ct,含)之间的镶嵌抛光钻石。质量小于 0.040 0g(0.20ct)的未镶嵌及镶嵌抛光钻石或质量大于 0.200 0g(1.00ct)的镶嵌抛光钻石可参照本书执行。

单元五 钻石的颜色分级

学习目标

知识目标：掌握钻石颜色级别；掌握钻石颜色分级方法的原理。

能力目标：能够应用颜色分级方法对钻石进行颜色分级。

基本概念

钻石的颜色分级：采用比色法，在规定的环境下对钻石的颜色进行等级划分。

市场中钻石的颜色多样，一类为无色透明—浅黄色系列（开普系列）；一类为彩色系列，即红钻、绿钻、蓝钻、紫钻、棕钻等。因此，钻石的颜色分级也分为无色透明—浅黄色系列钻石的颜色分级和彩色钻石的颜色分级两个体系。

你知道吗？

珍贵钻石品种

根据钻石颜色的不同，珍贵钻石有如下品种：

(1) 净水钻。一种纯净得像水一样的无色透明钻石，其中带淡蓝色调者为最佳。世界名钻主要是这种品种，如"琼克尔"等。

(2) 红钻。一种粉红色—鲜红色的透明钻石，其中以"鸽血红"者为稀世珍品。如世界名钻"俄罗斯红"等，澳大利亚是其主要来源。

(3) 蓝钻。一种天蓝色、蓝色、深蓝色的透明钻石，其中以深蓝色者为最佳。这种钻石与所有其他颜色的钻石不同，它具有半导体性能。因其特别罕见，故为稀世珍品。如世界名钻"希望"等，南非"首相矿山"是其主要来源。

(4) 绿钻。一种淡绿色—绿色的透明钻石，其中以鲜绿色者为最佳。如世界名钻"德累斯顿绿"。津巴布韦是其主要来源。

(5) 紫钻。一种淡紫色—紫色的透明钻石，其中以艳紫色者为稀世珍品，俄罗斯是其主要来源。

(6) 金钻。一种金色的透明钻石，是彩色系列钻石中的常见品种。

(7) 黑钻。黑色金刚石通常不能作为钻石，但个大乌黑而透明者也能成为珍贵钻石。

任务一　无色透明—浅黄色系列钻石的颜色分级

钻石最常见的颜色是无色透明—浅黄色,绝大多数宝石级钻石均为这一颜色系列。钻石的无色透明习惯上称为"白",在国际钻石贸易中对钻石颜色的描述大都使用这种方法。此外,在许多"钻石分级"的专著中也采用"极白""优白"等词汇来描述钻石的颜色。

一、开普系列钻石颜色分级的条件

1. 从业人员条件

从事颜色分级的技术人员应受过专门的技能培训,掌握正确的操作方法。由2~3名技术人员独立完成同一样品的颜色分级,并取得统计结果。

2. 环境条件

(1)颜色。工作区域要求为中性色,即白色、黑色或者灰色,除此之外最好不要有其他颜色。房间内的桌椅、墙壁、地面、窗帘等颜色,工作人员的着装、眼镜的颜色,甚至肤色都会对钻石的颜色分级产生影响。

请观察一下我们实验室的颜色,是否符合上面的要求?

(2)光线。工作区域应避免使用除分级用标准光源以外的其他光源,暗室或半暗的实验室是理想的颜色分级环境。

可以使用白炽灯光源吗?为什么?(提示:注意白炽灯光的颜色特点。)

(3)其他要求。工作区域还应该干净、整洁、安静、安全,以便于钻石颜色分级人员能够专心致志,不受干扰地开展工作。特别应该注意比色石的摆放位置(图5-1)。

3. 钻石颜色分级的工具

(1)清洗工具。包括擦钻布、酒精、弱酸等。

(2)钻石比色灯(图5-1)。一种不含紫外线、光谱能量分布均匀、发热少、光线柔和的人造标准光源,用于替代日光。钻石比色灯应为色温在5500~7200K范围内的荧光灯[注:依据国家标准《钻石分级》(GB/T 16554—2017)]。

图 5-1　常见的各种钻石比色灯

知识链接

何谓色温？

色温（color temperature）是用来量度光或光源颜色的一种量度单位，单位用 K（kelvin）表示，是将"理想黑体"不断加热，令它发出与光源相同色光时的温度。蓝色的色温较高，为 8000～10 000K，被称为冷色调（cold tone）；而黄色的色温则偏低，为 2000～3000K，被称为暖色调（warm tone）。

（3）比色板、比色纸（图 5-2）。用作比色背景的无荧光、无明显定向作用的白色板或白色纸。要求其为白色（白度大于 95）、无紫外荧光、无明显定向反射作用，材质可为塑料或纸质。它可充当容器，提供白色背景，同时还可排除环境中其他光线的影响。

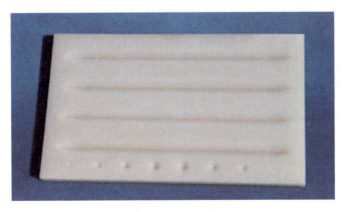

图 5-2　钻石比色板

何谓白度？

白度指物体表面含白色的程度，以白色含量的百分率表示。其定义为可见光谱反射比为100%的物体表面的白度为100(即100°理想白)，可见光谱反射比为0%的物体表面的白度为0(即0°绝对黑)。

(4)镊子。常使用中号—小号的钻石专用镊子。

请多用自己的非主导手(例如常用右手写字的人，可以使用左手持不带锁的钻石镊子)夹取小绿豆，并多加练习，这是专业技能的要求，在提高专业技能的同时还可以开发自己的大脑。

(5)放大镜。一般使用10倍宝石放大镜。放大镜的框架颜色最好也是中性色。
(6)天平。称量精度为0.0001g的电子天平(或克拉秤)，用来记录待测样品的质量，并注意不要将样品与比色石混淆。
(7)比色石。一套标定颜色级别的标准圆钻型切工钻石样品，依次代表由高至低连续的颜色级别，其级别可以溯源至钻石颜色分级比色石国家标准样品。我国应用的比色石的级别代表该颜色级别的下限。

特别提示

比色石必须具备的条件：
(1)切工。标准圆钻型切工，比率级别在"好"范围之内，腰围类型为粗面腰。
(2)质量。每粒质量大于0.30ct，大小均匀，同一套比色石之间的质量差异不应大于0.10ct。
(3)颜色。必须进行严格的色级标定，不得带有黄色以外的其他色调。
(4)净度。净度级别应在SI以上，没有色带或带色的矿物包裹体。
(5)荧光。无紫外荧光反应。
(6)数量。我国规定的颜色标准比色石，一套共11粒，必须包括D、E、F、G、H、I、J、K、L、M、N这11个连续色级。

二、我国钻石颜色级别及分级规则

1. 国家标准钻石颜色等级划分

我国的钻石颜色级别按照钻石的颜色变化划分为12个连续的颜色级别，由高到低用英文字母 D、E、F、G、H、I、J、K、L、M、N、<N(表5-1)。

表 5-1 钻石颜色级别等级表

钻石颜色级别	白度		钻石颜色级别	白度	
D	100	极白	J	94	微黄白
E	99		K	93	浅黄白
F	98	优白	L	92	
G	97		M	91	浅黄
H	96	白	N	90	
I	95	微黄白	<N	<90	黄

注：依据《钻石分级》(GB/T 16554—2017)。

(1) D—E 级。极白，又称作"特白""极亮白""净水色"。
- D 色：纯净无色、极透明，可见淡的蓝色。
- E 色：纯净无色，极透明。

(2) F—G 级。优白，又称作"亮白"。
- F 色：从任何角度观察，均呈无色透明状。
- G 色：1ct 以下的钻石，从冠部、亭部观察均为无色透明，但 1ct 以上的钻石从亭部观察显示似有似无的黄（褐、灰）色调。

(3) H 级。白。1ct 以下的钻石，从冠部观察看不出任何颜色色调，从亭部观察可见似有似无的黄（褐、灰）色调。

(4) I—J 级。微黄（褐、灰）白，又称作"微黄白""商业白"。
- I 色：1ct 以下的钻石，从冠部观察无色，从亭部观察呈微黄（褐、灰）色。
- J 色：1ct 以下的钻石，从冠部观察近无色，从亭部观察呈微黄（褐、灰）色。

(5) K—L 级。浅黄（褐、灰）白。
- K 色：从冠部观察呈浅黄（褐、灰）白色，从亭部观察呈很浅的黄（褐、灰）白色。
- L 色：从冠部观察呈浅黄（褐、灰）色，从亭部观察呈浅黄（褐、灰）色。

(6) M—N 级。浅黄（褐、灰）色。
- M 色：从冠部观察呈浅黄（褐、灰）色，从亭部观察带有明显的浅黄（褐、灰）色。
- N 色：从任何角度观察，钻石均带有明显的浅黄（褐、灰）色。

(7) <N 级。黄（褐、灰）色。对这一类钻石，非专业人士都可看出具有明显的黄（褐、灰）色。

特别提示

每个颜色级别代表的是一个颜色范围！

知识链接

史上最大的D色无瑕钻石

2017年11月14日,在日内瓦佳士得拍场创造了一项钻石拍卖的新纪录:有史以来最大颗的D色无瑕(FL级)钻石被拍出。这枚钻石重达163.41ct(图5-3),为了完美地呈现它,设计师构思了50个设计方案,最终决定采用不对称的设计。

图5-3 重163.41ct无瑕钻石的祖母绿项链

练一练

认真观察下面的图板,仔细辨别它们之间的颜色差异?

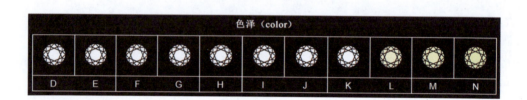

2. 比色法的钻石颜色级别划分规则

(1)待分级钻石与某一比色石的颜色相同,则该比色石的颜色级别就是待分级钻石的颜色级别。

(2)待分级钻石的颜色介于相邻两粒比色石的颜色之间,其中较低级别的比色石的颜色级别就是待分级钻石的颜色级别。

(3)待分级钻石的颜色高于比色石的最高级别,仍用最高级别表示待分级钻石的颜色级别。

(4)待分级钻石低于"N"比色石,则用"<N"表示待分级钻石的颜色级别。

三、钻石的荧光级别及分级规则

基本概念

荧光强度(fluorescence degree):钻石在长波紫外光照射下发出的可见光强弱程度。

荧光强度对比样品(master-stone of fluorescence degree):一套已标定荧光强度级别的标准圆钻型切工的钻石样品,由3粒组成,依次代表强、中、弱3个级别(图5-4)。

图 5-4 钻石的荧光强度对比样品

（从左至右：蓝白色、弱；蓝白色、中；蓝白色、强）

由于钻石内部存在杂质元素 N,部分钻石在紫外线照射下会呈现荧光。钻石的荧光强度级别在 10 倍放大镜下较为容易观察,强荧光可以影响高色钻石的通透度,使无色钻石产生朦胧的感觉,对钻石价格影响很大。

1. 钻石的荧光强度级别

钻石的荧光强度级别需要在长波紫外光下进行观察(图 5-5)。根据钻石在长波紫外光下发光现象的不同,可将其荧光强度划分为强、中、弱、无 4 个级别。

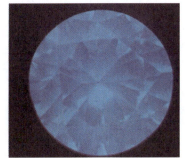

自然光下的颜色　　　　　　长紫外光（LW）下的颜色

图 5-5 钻石在自然光与长波紫外光下的颜色对比

2. 钻石的荧光强度级别划分规则

(1)待分级钻石的荧光强度与荧光强度对比样品中的某一粒相同,则该样品的荧光强度级别为待分级钻石的荧光强度级别。

(2)待分级钻石的荧光强度介于相邻的两粒对比样品之间,则以较低级别代表该钻石的荧光强度级别。

(3)待分级钻石的荧光强度高于对比样品中的"强",则用"强"代表该钻石的荧光强度级别。

(4)待分级钻石的荧光强度低于对比样品中的"弱",则用"无"代表该钻石的荧光强度级别。

3. 钻石的荧光颜色

当待分级钻石的荧光强度级别为"中""强"时,应注明其荧光颜色。钻石常见的荧光颜色为蓝色—浅蓝色(90%以上钻石)、黄色和黄绿色。

特别提示

对于高颜色钻石,强荧光会较大程度影响其价格。对于颜色低至 M 色或者质量小于 20pt 的钻石,强荧光对价格影响很小,但对于 20～50pt 的高净度钻石,强荧光依然会产生一定价格影响。

四、钻石的颜色分级流程

1)工具准备
2)清洗样品
3)摆放比色石
比色时钻石摆放位置如图 5-6 所示。

钻石的颜色分级流程

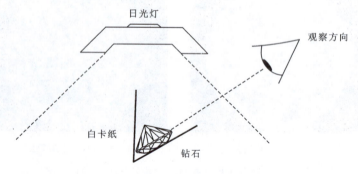

图 5-6 比色时钻石摆放位置示意图

4)称重待测样品
应用天平对待分级钻石进行测量,并将测试结果记录在报告单上。

想一想

为什么要在比色之前先称重待测样品?

5)对待分级钻石进行比色观察

将待分级钻石放置在比色纸上进行观察(图5-7~图5-9):

图5-7 钻石颜色分级时的比色石摆放位置

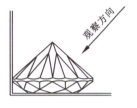

(a)视线与亭部刻面垂直观察

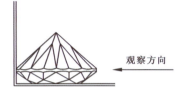

(b)视线与腰部平行观察

图5-8 比色时的观察方向

(1)若待分级钻石颜色饱和度与某一比色石相同,则该比色石的颜色级别为待分级钻石的颜色级别。

(2)若将待分级钻石放置在某一比色石(例如H色比色石)的左侧时,待分级钻石颜色饱和度较该比色石略浅;放在该比色石右侧时,待分级钻石颜色饱和度较该比色石略深,则待分级钻石的色级正好与该比色石色级(H)相同,其色级标定为该比色石的色级(H)。

(3)若待分级钻石放在比色石的最左侧(例如D色比色石)时,钻石颜色饱和度浅于该比色石,或者两者颜色相同,则待分级钻石色级标定为该比色石的色级(D)。

(4)若待分级钻石放在比色石的最右侧(例如N色比色石),钻石颜色饱和度深于该比色石的颜色,则待分级钻石色级标定为<N。

确定级别后,将数据记录到报告单上。

图5-9 比色时的动作姿势

知识链接

在不同鉴定机构的钻石分级业务中,主要应用两类比色石,分别为上限比色石(图5-10)和下限比色石(图5-11)。两类比色石的使用方法不同,上限比色石中各级别的钻石白度代表了该级别的最高水平,当用上限比色石进行分级时,待分级钻石与左侧色级较高的比色石同一色级;下限比色石中各级别的钻石白度代表了该级别的最低水平,当用下限比色石进行分级时,待分级钻石与右侧色级较低的比色石同一色级。我国采用的比色石为下限比色石,GIA 钻石分级体系采用的为上限比色石,GIBJO 体系采用的为下限比色石。

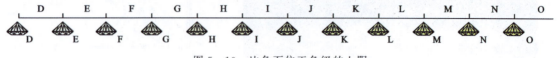

图 5-10　比色石位于色级的上限

图 5-11　比色石位于色级的下限

6) 钻石复称

重新称量待分级钻石,如所称量质量与原记录质量相同,则将钻石归位;如所称量质量与原记录不同,则有可能是待分级钻石与比色石发生混淆,需进一步检测,确定待分级钻石。

7) 仪器、标本归位

将仪器和钻石标本放置原位。

特别提示

比色时的注意事项:

(1) 两钻石色级非常接近的情况。

(2) 注意比色姿势和眼睛疲劳问题,比色时间不宜超过 1h。

(3) 异型钻石的比色,比较两者厚度相同的部位。

(4) 样品与比色石大小不同时,观察腰棱部位。

(5) 样品带有其他的色调,只比较黄色调的深浅。

练一练

常用的钻石比色技巧

(1) 比色时通常先观察样品。若样品颜色偏白,则放于比色石的最左端;若样品颜色偏黄,则放于比色石的最右端。

(2) 颜色集中部位。钻石颜色常常集中于腰棱和亭部靠近底尖的位置。

(3) 观察方向。视线与腰部平行,观察腰部和底尖颜色集中的部位,这也是比色时最常用的观察方向。视线与亭部刻面垂直,观察亭部中间透明区,该区颜色浅,有利于消除色调及火彩和反光的影响。

(4) 比色部位。两粒钻石比色时着重比较相同的部位。

(5) 放大镜的应用。颜色相近时,放大条件下更有利于颜色的对比。

(6) 灯光的运用。光线越强,颜色差异越明显。

(7) 呵气的作用。钻石的反光很强,会影响颜色的判断,可以在钻石表面呵一口气,在钻石表面雾气散开的瞬间,颜色最易观察。

任务二 彩色系列钻石的颜色分级

一、彩钻颜色的形成原因

钻石之所以呈现不同的颜色(图 3-12),是因为钻石在生成的过程中含化学微量元素不同和内部晶体结构变形所致。不同彩钻的呈色原因如下:

黄钻:呈浅黄色、金黄色。钻石在形成过程中,当氮原子取代钻石晶体中的某些碳原子时(每 10^6 个碳原子中,有 100 个被取代),钻石开始吸收蓝色、紫色光线,因而使钻石呈现黄色。

蓝钻:含有微量硼元素,呈淡蓝色、艳蓝色。

红钻:呈粉红色、红色。钻石在形成过程中,晶格结构扭曲,形成色心,使钻石呈现红色。

绿钻:呈淡绿色、艳绿色。绿色钻石的形成是受到自然辐射而改变晶格结构所致。

黑钻:大多是由深色的内含物(包裹体)所致。

二、彩色系列钻石的颜色分级及价值评定

1. 颜色分级

彩色系列钻石的颜色分级取决于颜色的饱和度和纯正程度(鲜艳度),具体可以借鉴彩色宝石的分级标准,一般可以分为以下 4 个等级。

(1) 弱色,颜色色调似有似无。

(2) 浅色,可以看出颜色色调。

(3) 彩色,达到一定饱和程度的颜色。

(4) 深色,颜色色调过饱和,色调变化不大。

2. 价值评定

彩色钻石的魅力来自于其独特稀有的色彩,钻石彩色的稀有性、颜色的饱和度与明度决定了彩色钻石的价值。彩色钻石的颜色越稀有,颜色等级越高,价值也就越高;其颜色越浓、

饱和度越高,价值也就越高。而净度、切工比例、质量等因素在评价彩色钻石时,不在首先考虑的因素范围之列。

哪种彩色钻石的价值最高?

彩色钻石以稀有的红色系列的价值最高,蓝色系列与绿色系列次之,杂黑色钻石的价值最低。在多姿多彩的生活中,缤纷的彩色钻石为人们带来灿烂的好心情,为热爱生活的人们留住最精彩的永恒。

彩钻的爱情寓意

黄色钻石,梦幻之爱;

蓝色钻石,理智之爱;

绿色钻石,清澈之爱;

粉红色、红色钻石,浪漫之爱。

(1)钻石颜色分级的意义是什么?

(2)什么是比色石?有何用途?比色石有哪些要求?

(3)应用钻石颜色分级的方法,对钻石的颜色进行分级。

实习二　钻石的颜色分级

一、实习目的

1. 熟悉标准比色石的颜色

比色石要达到下列要求：

(1) 比色石不得带有除黄色以外的色调。

(2) 比色石不得带有颜色的及肉眼可见的内含物，其净度级别应在"SI"以上。

(3) 比色石琢型必须是切工好的标准圆钻型。

(4) 比色石要大小均一，同一茬比色石的质量差异不得大于 0.10ct，比色石质量不应小于 0.30ct。

(5) 比色石不得有荧光反应。

(6) 比色石必须进行严格的色度标定，并位于所需求的色级界限上或某种统一的位置上。

2. 掌握利用比色石、目测无色透明—黄色(开普系列)钻石的颜色级别。

二、实习工具、环境及标本

(1) 须有标准比色分级灯源：钻石比色灯(色温 6500K 或 5500K，且无紫外光)。

(2) 一套标准比色石。

(3) 托盘、镊子、折叠白色比色槽、比色板、钻石布、酒精。

(4) 中性色(白、灰、黑)环境。

(5) 实习钻石标本 30 粒。

三、实习前的准备工作及注意事项

(1) 不可用手直接持拿钻石或比色石，在移动或摆放钻石和比色石时，须用镊子，同时也要保持镊子的清洁。

(2) 在比色之前，要清洗待分级钻石，也须定期清洗比色石，并注意腰棱的清洗。

(3) 在比色之前，要对待分级钻石进行观察和记录，测量出钻石的大小、质量，描述内含物和其他净度特征。比色完毕后，再加以检查，以免把样品与比色石弄混。

四、实习指导及实验步骤

1. 熟悉标准比色石

(1) 在拿到比色石之后，首先要知道此套比色石是上限比色石，还是下限比色石。

(2) 将比色石清洗干净后，将分级用白纸折成"V"形槽或用比色板把比色石按色级从高到低(从无色到带色)的顺序,从左到右,台面朝下,依次排列在"V"形槽内。比色石之间相隔 1~2cm 放置。

(3)把排列好的比色石放到比色灯下,与比色灯管距离 10~20cm,视线平行比色石的腰棱,观察比色石,识别颜色由浅到深的变化,同时注意比色石颜色的集中部位(底尖、腰棱的两侧)(图 5-13)。

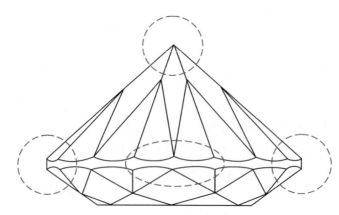

图 5-13 钻石颜色的集中部位

(4)把待分级钻石放在两颗比色石(如 E 和 F)之间,若待分级钻石的颜色比右边比色石的颜色深,则把钻石向右移动一格放到 F 和 G 之间进行比较,直到待分级钻石的颜色比左边的比色石深又比右边的比色石浅为止。

(5)在白纸比色槽中观察待分级钻石的颜色时,如反光太强,可对钻石进行呵气,以消除反射光。

(6)比色时间不宜过长。

(7)对花式切工的钻石应多比较几个方向,一般斜对角方向的比色较准确。

2. 无比色石时,钻石色级的估测

(1)将清洗好的钻石放入比色槽内。

(2)估测大致颜色级别(表 5-2)。

表 5-2 钻石各颜色级别的特征

色级	色级特征
D、E	无论从任何角度观察都没有颜色(即不带任何色调,特别白)
F、G	从腰棱观察,对钻石进行呵气测试可感觉到钻石带色调,其余角度无色
H、I、J	从台面观察无色,腰棱观察略带黄色,呵气测试黄色调明显
K、L	从台面观察略带黄色,腰棱明显黄色
M、N、<N	从台面观察明显黄色

钻石首饰的保养常识

钻石首饰虽然多种多样,但对它们的保养,有许多方面是相同的,最重要的有下列几点:

(1)轻拿轻放,避免受到碰撞与摩擦。尽管钻石有很高的硬度,不易被磨损或破坏,但也要尽量避免受撞击和摩擦,以防破裂或表面失去光泽。

(2)避免受高温和与酸、碱溶液的接触。镶嵌在首饰上的钻石,其物理化学性质并不十分稳定,如在阳光下长时间暴晒,容易褪色;有的与酸、碱溶液接触也会引起钻石褪色。

(3)及时清洗保存。钻饰暂时不佩戴时,一定要及时清洗后再保存。取一碗温热的清水,其中适量加入几滴中性洗洁精,然后用棉花(或旧牙刷)蘸水轻轻擦拭钻饰。

单元六　钻石的净度分级

> **学习目标**
>
> 知识目标:掌握钻石净度级别;掌握钻石净度分级方法的原理。
> 能力目标:能够应用净度分级方法对钻石进行净度分级。

基本概念

钻石的净度分级(clarity grading):在 10 倍放大镜下,对钻石内部和外部的特征进行等级划分。

钻石的净度分级需要经过专门培训的技术人员,应用正确的操作方法,由 2~3 名技术人员独立完成同一样品的净度分级,取得统一结果,才可确定钻石的级别。

一、钻石的内部特征和外部特征

钻石的净度级别是根据其内部特征和外部特征(也统称为净度特征)的大小与明显程度来确定的。

1. 内部特征

内部特征指包含在或延伸至钻石内部的天然包裹体、生长痕迹和人为造成的特征。内部特征是影响净度级别的主要因素。主要包括以下类型:各种晶体包裹体;解理;各种裂隙(羽状体);腰棱胡须;生长纹,双晶面(线);云雾状包裹体;深入到内部的凹坑,原始晶面和激光钻孔等(图 6-1,附录一)。

(a) 浅色包裹体

(b) 内凹原始晶面

(c) 羽状纹

(d) 暗色包裹体及其影像

 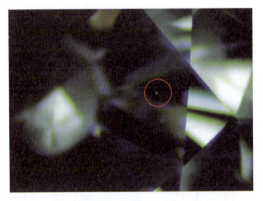

(e) 内部纹理　　　　　　　　　　　　(f) 点状包裹体

（g）激光痕

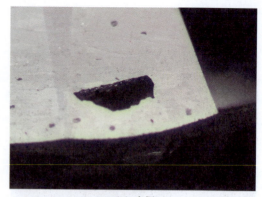
（h）空洞

（i）云状物

图 6-1　常见钻石的内部特征

2. 外部特征

外部特征是指仅存在于钻石外表的天然生长痕迹和人为造成的特征。外部特征也是钻石净度级别评定的影响因素，但其重要性小于内部特征。外部特征的主要类型：原晶面；多余刻面；表面的生长纹，双晶纹；粗糙或破损的面棱、底尖、腰棱；微小的划痕、抛光痕、烧痕；结节线（很难发现）（图 6-2，附录一）。

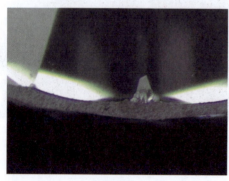
（a）缺口

（b）表面纹理

(c) 棱线磨损

(d) 人工印记1

(e) 人工印记2

(f) 抛光痕

(g) 原始晶面

(h) 额外刻面

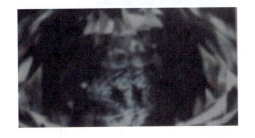

(i) 烧痕

(j) 表面纹理

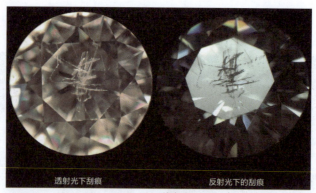

(k) 刮痕

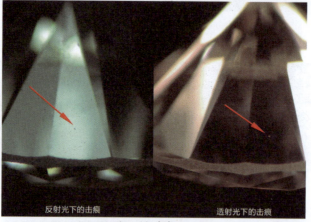

(l) 击痕

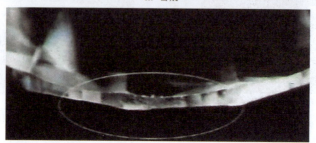

(m) 须状腰（胡须）

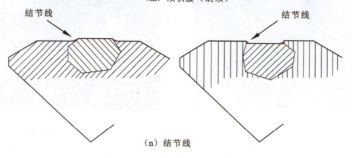

(n) 结节线

图 6-2 常见钻石的外部特征

二、钻石内部特征和外部特征的标记符号

1. 常见钻石内部特征标记符号表(表6-1)

表6-1 常见钻石内部特征标记符号表

编号	名称	英文名称	标记符号	说明
01	点状包裹体	pinpoint	·	钻石内部极小的天然包裹物
02	云状物	cloud	○	钻石中朦胧状、乳状、无清晰边界的天然包裹物
03	浅色包裹体	crystal inclusion	◇	钻石内部的浅色或无色天然包裹物
04	深色包裹体	dark inclusion	●	钻石内部的深色或黑色天然包裹物
05	针状物	needle	/	钻石内部的针状包裹体
06	内部纹理	internal graining	∥	钻石内部的天然生长痕迹
07	内凹原始晶面	extended natural	△	凹入钻石内部的天然晶面
08	羽状纹	feather	◇	钻石内部或延伸至内部的裂隙,形似羽毛状
09	须状腰	beard	⌒	腰上细小裂纹深入内部的部分
10	破口	chip	∧	腰和底尖受到撞伤形成的浅开口
11	空洞	cavity	▨	羽状纹裂开或矿物包裹体在抛磨过程中掉落,在钻石表面形成的开口
12	凹蚀管	etch channel	▣	高温岩浆侵蚀钻石薄弱区域,留下的由表面向内延伸的管状痕迹,开口常呈四边形或三角形
13	晶结	knot	◎	抛光后触及钻石表面的矿物包裹体
14	双晶网	twinning wisp	⋈	聚集在钻石双晶面上的大量包裹体,呈丝状、放射状分布
15	激光痕	laser mark	⊙	用激光束和化学品去除钻石内部深色包裹物时留下的痕迹。管状或漏斗状痕迹称为激光孔。可被高折射率玻璃充填

画一画

请在钻石的冠部净度素面图上画出深色包裹体、激光孔、羽状纹；请在钻石的亭部净度素面图上画出须状腰、云状物、击痕等。

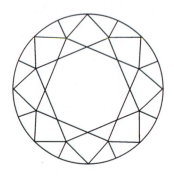
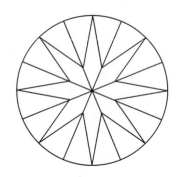

2. 常见钻石外部特征标记符号表(表 6 – 2)

表 6 – 2　常见钻石外部特征标记符号表

编号	名称	英文名称	标记符号	说明
01	原始晶面	natural		为保持最大质量，而在钻石腰部或近腰部保留的天然结晶面
02	表面纹理	surface graining		钻石表面的天然生长痕
03	抛光纹	polish lines		抛光不当造成的细密线状痕迹，在同一刻面内相互平行
04	刮痕	scratch		表面很细的划伤痕迹
05	额外刻面	extra facet		规定之外的所有多余刻面
06	缺口	nick		腰或底尖上细小的撞伤
07	击痕	pit		表面受到外力撞击留下的痕迹

模块三 钻石的4C分级

续表 6-2

编号	名称	英文名称	标记符号	说明
08	棱线磨痕	abrasion		棱线上细小的损伤,呈磨毛状
09	烧痕	burn mark	B	抛光或镶嵌不当所致的糊状疤痕
10	黏杆烧痕	dop burn		钻石与机械黏杆相接触的部位,因高温灼伤造成"白雾"状的疤痕
11	"蜥蜴皮"效应	lizard skin		已抛光钻石表面上呈现透明的凹陷波浪纹理,其方向接近解理面的方向
12	人工印记	inscription		在钻石表面人工刻印留下的痕迹。在备注中注明印记的位置

请在钻石冠部净度素面图上画出原始晶面、烧痕、羽状纹;请在钻石亭部净度素面图上画出抛光痕、棱线磨痕、刮痕等。

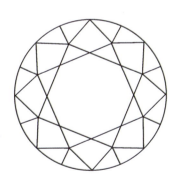
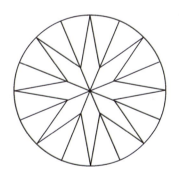

3. 钻石内部特征和外部特征标记的方法

(1)钻石的琢型按冠部和亭部作两个平面投影图,如图 6-3 所示。

(2)钻石样品和琢型投影图都按时钟的表盘划分 12 个部分,分别称为 1 点钟位置、2 点钟位置等。

(3)当冠部图和亭部图并排排列时,是以 6-12 点为轴转 180°;当上下排列时,是以 3-9 点为轴转 180°。

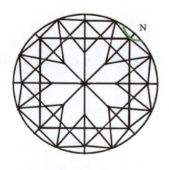
(a) 钻石净度特征的实际位置

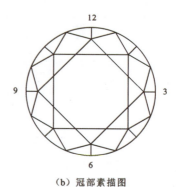
(b) 冠部素描图

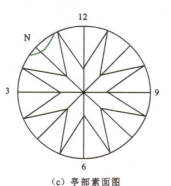
(c) 亭部素面图

(d) 钻石内部包裹体的有利观察方向

图 6-3 钻石净度素描图（含冠部和亭部作两个平面投影图）

（4）用红色笔标记内部特征、绿色笔标记外部特征，根据表 6-2 中的符号按比例标记在琢型投影图的相应位置上。

例如：实际钻石净度标记方法（图 6-4）。

图 6-4 钻石净度素描图
（实际钻石净度标记方法）

钻石净度素描图:净度分级时,规定将钻石全部的瑕疵标示在冠部和亭部的投影图上,称之为净度素描图。素描图应准确画出瑕疵的所在位置,基本准确画出瑕疵的大小和形状。

请将下面钻石冠部净度标记按比例投影到亭部投影图的相应位置。

 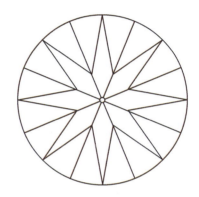

三、净度级别的划分标准

1. 钻石净度级别

结合钻石质量,我国的钻石净度级别主要分为两类:

(1)质量等于或高于0.094 0g(0.47ct)的钻石,净度级别分为LC、VVS、VS、SI、P五大级别,又细分为FL、IF、VVS$_1$、VVS$_2$、VS$_1$、VS$_2$、SI$_1$、SI$_2$、P$_1$、P$_2$、P$_3$ 11个小级别。

(2)质量低于0.094 0g(0.47ct)的钻石,净度级别可划分为5个大级别。

2. 净度级别的划分规则

根据《钻石分级》(GB/T 16554—2017),我国净度级别的划分规则如下:

(1)LC级。在10倍放大条件下,未见钻石具内、外部特征,细分为FL、IF。

(a)在10倍放大条件下,未见钻石具内、外部特征,定为FL级。下列外部特征情况仍属FL级。

- 额外刻面位于亭部,冠部不可见。
- 原始晶面位于腰围,不影响腰部的对称,冠部不可见。

(b)在10倍放大条件下,未见钻石具内部特征,定为IF级。下列特征情况仍属IF级:

- 内部生长纹理无反光,无色透明,不影响透明度;

- 可见极轻微外部特征,经轻微抛光后可去除。

(2) VVS 级。在 10 倍放大镜下,钻石具极微小的内、外部特征,细分为 VVS_1、VVS_2。

(a) 钻石具有极微小的内、外部特征,10 倍放大镜下极难观察,定为 VVS_1 级;

(b) 钻石具有极微小的内、外部特征,10 倍放大镜下很难观察,定为 VVS_2 级。

(3) VS 级。在 10 倍放大镜下,钻石具细小的内、外部特征,细分为 VS_1、VS_2。

(a) 钻石具细小的内、外部特征,10 倍放大镜下难以观察,定为 VS_1 级;

(b) 钻石具细小的内、外部特征,10 倍放大镜下比较容易观察,定为 VS_2 级。

(4) SI 级。在 10 倍放大镜下,钻石具明显的内、外部特征,细分为 SI_1、SI_2。

(a) 钻石具明显内、外部特征,10 倍放大镜下容易观察,定为 SI_1 级;

(b) 钻石具明显内、外部特征,10 倍放大镜下很容易观察,肉眼难以观察,定为 SI_2 级。

(5) P 级。从冠部观察,肉眼可见钻石具内、外部特征,细分为 P_1、P_2、P_3。

(a) 钻石具明显的内、外部特征,肉眼可见,定为 P_1 级;

(b) 钻石具很明显的内、外部特征,肉眼易见,定为 P_2 级;

(c) 钻石具极明显的内、外部特征,肉眼极易见并可能影响钻石的坚固度,定为 P_3 级。

我国钻石净度级别与 GIA 钻石净度级别的划分差异

我国钻石净度级别与 GIA 钻石净度级别的划分差异如表 6-3 所示。

表 6-3 我国钻石净度级别与 GIA 钻石净度级别的划分差异

中国[《钻石分级》(GB/T 16554—2017)]		美国宝石学院(GIA)	
10 倍放大镜下,未见钻石具内外部特征	LC 级 镜下无瑕级	FL(flawless) 无瑕	10 倍放大镜下无缺陷或包裹体
		IF(internally flawness) 内部无瑕	无包裹体,但有细小的通过重新抛光可去除的缺陷
10 倍放大镜下,钻石具极微小的内、外部特征	VVS_1、VVS_2 极微瑕级	VVS_1、VVS_2 一级极微瑕,二级极微瑕	微小或很不明显的包裹体,10 倍放大镜下难发现
10 倍放大镜下,钻石具细小的内、外部特征	VS_1、VS_2 微瑕级	VS_1、VS_2 一级微瑕,二级微瑕	小包裹体,10 倍放大镜下其大小、数量和位置介于难确定和某种程度上易确定之间

续表 6-3

中国[《钻石分级》(GB/T 16554—2017)]		美国宝石学院(GIA)	
10倍放大镜下,钻石具明显的内、外部特征	SI_1、SI_2 小瑕级	SI_1、SI_2 一级小瑕,二级小瑕	显著的包裹体,10倍放大镜下易见。SI_2 的钻石从亭部一侧观察时,肉眼可见包裹体
从冠部观察,肉眼可见钻石具内、外部特征	P_1、P_2、P_3 重瑕疵级	I_1 一级瑕	10倍放大镜下明显,肉眼通过冠部一侧可以见到包裹体,级别从肉眼难于看到包裹体的钻石,直到有解理严重影响到耐久性的钻石
		I_2 二级瑕	
		I_3 三级瑕	

四、影响钻石净度的因素

(1)内含物大小和数量:内含物越大、数量越多,钻石的净度级别越低。
(2)内含物颜色和凸起:内含物带有颜色及凸起明显,钻石的净度级别越低。
(3)内含物位置:内含物越靠近台面或在台面中央附近等明显的位置,其净度级别越低。
(4)内含物的性质是否影响耐久性:裂隙影响耐用性。
(5)对钻石的亮度是否有影响:内含物越暗对钻石亮度的影响越大。
(6)外部特征是否明显:外部特征越明显,钻石的净度级别越低。

特别提示

激光处理钻石及充填处理钻石不必进行净度分级!
(1)激光处理必须说明及寻找说明(如激光孔口、孔道)。
(2)充填处理钻石必须注明其证据(如裂隙中的闪光效应)。

五、钻石净度分级时的注意事项

1. 注意区别灰尘和内含物

透射光下观察如果是包裹体,在相邻刻面上有影像;而灰尘没有影像(图6-5)。反射光下观察包裹体消失,而灰尘呈色。

图 6-5　钻石表面灰尘

2. 注意镊子影像

镊子影像，看起来像羽状裂隙，须换一个观察角度，镊子影像就会发生变化甚至消失，如果是羽状体则不会发生如此明显的变化。

3. 清洗钻石，去掉表面油污

4. 钻石刻面的反射对观察的影响和对净度级别的影响

（1）观察异型钻石，要从更多的角度进行观察。

（2）净度级别判断的主观性和"5μm 规则"。

（3）正常观察顺序：从冠部到亭部，再到腰棱；从台面到主刻面，再到腰部小面。

（4）夹持钻石时，镊子用力要均匀适中，不可过于用力，否则发生掉钻情况。

5μm 规则

10 倍放大镜下所能见到的最小粒径，通常 10 倍放大镜下专家都可见 7～8 μm 粒径的颗粒，只有经过长期专门训练的人在 10 倍放大镜下才能察觉到 5 μm 的颗粒。

六、参考钻石净度级别图版

参考钻石净度级别图版如图 6-6 所示。

钻石的4C分级

- 无瑕（LC）

无内部特征
LC

- 极轻微瑕（VVS）

针点、原晶面、额外刻面
VVS$_1$

原晶面和磨损的底尖
LC

针点
VVS$_2$

- 轻微瑕（VS）

晶体
VS$_1$

晶体、羽状体、针点、原晶面
VS$_1$

羽状体、晶体、针点
VS$_2$

云雾、羽状体、胡须
VS$_2$

- 微瑕（SI）

云雾、晶体、针点、羽状体
SI$_1$

晶体和胡须
SI$_1$

羽状体和晶体
SI$_2$

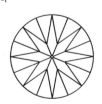
近腰棱的暗色晶体
SI$_2$

• 重瑕（P）

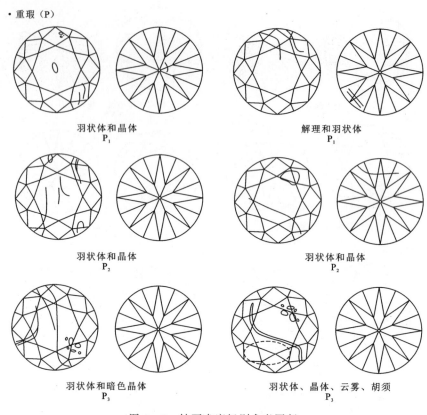

图 6-6 钻石净度级别参考图版

（1）请判断下面钻石素描图所表示的净度级别？

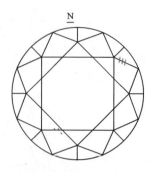

虽然有原晶面和棱面磨损，但
程度轻微不影响净度

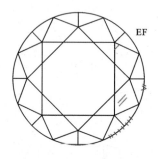

腰棱胡须，从冠部一侧明显可见
的额外刻面，对净度影响较大

(2)仔细观察下面的图版,比较钻石净度级别的差异。

教你一招

手持放大镜观察钻石净度的动作要领

镊子和放大镜的配合使用方法

(1)镊子和放大镜的配合使用方法如图6-7、图6-8所示。

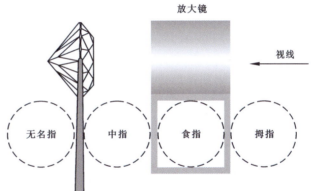

图6-7 手持放大镜观察钻石净度的姿势　　图6-8 观察钻石净度的手法示意图

(2)夹持钻石的5种方式(依据观测部位的不同进行选择)如图6-9所示。

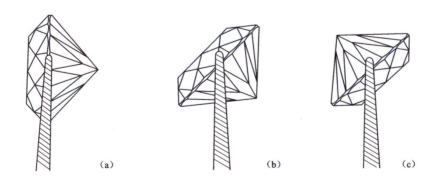

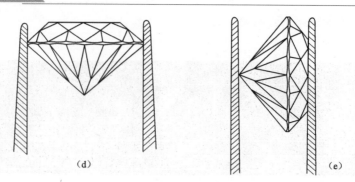

图 6-9　夹持钻石的 5 种方式

七、钻石的净度分级流程

钻石的净度分级需要系统观察到整个钻石,找到各个部位的内、外部特征,并在净度素描图上对它们进行标记,再综合整体情况对钻石净度进行分级。

在内、外部特征的观察过程中,内部特征的观察主要采用透射光的照明方式,外部特征的观察一般采用反射光的照明方式。观察内、外部特征时一般遵循以下顺序:

(1)观察钻石的冠部,首先观察台面,依次观察其余冠部刻面。

(2)观察钻石的亭部,首先观察亭部主刻面,再观察下腰小面。

(3)观察钻石的腰棱,经常可以在腰棱位置观察到原始晶面、内凹原始晶面、须状腰、额外刻面、缺口等典型特征,因此,不要漏掉腰棱的位置。

练习题

(1)钻石净度级别有几个大级别,几个小级别,分别是什么?

(2)净度特征中,内部特征及它们的表示方法有哪些?

(3)掌握钻石净度分级标准,观察方法,对所给出钻石标本进行净度级别划分,并进行描述和绘画标出。

实习三　钻石的净度分级

一、实习目的
(1)学习用手持放大镜观察钻石的方法及用镊子夹持钻石的操作方法。
(2)学会观察钻石的内部特征和外部特征。
(3)用10倍宝石放大镜确定钻石的净度级别。

二、实习工具及标本
(1)10倍宝石放大镜。
(2)钻石镊子。
(3)钻石灯(色温5000~5500K)。
(4)清洗用品:酒精、棉花、不起毛的钻石布。
(5)钻石标本30粒。

三、实习指导及实验步骤
(1)洗净或擦净样品。
(2)系统观察钻石的内、外部特征,其目的是保证详尽无遗地观察整个钻石,为正确判定钻石的净度等级打好基础。

• 观察钻石的冠部:从台面开始,依次观察其余的冠部小刻面,观察时要使视线与刻面垂直,消除表面反光影响,才能通过刻面看到内部,为此采用倾斜夹持的方式。

• 观察钻石的亭部:先依次观察下主小面,再依次观察下腰小面,观察时要使视线与刻面尽量垂直。

• 观察钻石的腰棱:注意力要集中在腰棱表面上所具有的特征,为了观察完整,必须把钻石放下旋转90°后再夹起观察。

• 外部特征的观察:外部特征也要按冠部、亭部和腰棱分别进行有计划的观察;不同的是,需要把注意力集中在钻石的表面。

• 记录观察的结果,并标记在冠部和亭部投影图上。

• 确定标本的净度级别。

你知道吗？

知名的钻石分级机构及其网址

比利时钻石高阶层议会（HRD，http://www.hrd.be）
美国宝石学学会（AGS，http://www.ags.org/）
国际宝石学院（IGI，http://www.igiworldwide.com）
欧洲宝石学院（EGL，http://www.eglusa.com）
国家珠宝玉石质量监督检验中心（NGTC，http://www.ngtc.com.cn）
国家首饰质量监督检验中心（NJQSIC，http://www.njc.com.cn/）

单元七　钻石的切工分级

学习目标

知识目标：掌握钻石切工级别及切工分级方法的原理。
能力目标：能够应用切工分级方法和原理对钻石进行切工分级。

基本概念

切工分级（cut grading）：通过测量和观察，从比率和修饰度两个方面对钻石加工工艺的完美性进行等级划分。
标准圆钻型切工（round brilliant cut）：由 57 或 58 个刻面按一定规律组成的圆形切工，可简称为圆钻形。
花式切工：除标准圆钻型切工之外的其他现代钻石切工，也称为异钻形。

钻石的切工对于展现钻石的美丽十分重要，精良的切工才能充分展示钻石的亮度和火彩。在市场上常见的钻石中，钻石的切工方式主要划分为两类：一类为标准圆钻型切工，另一类为花式切工。

钻石的切工分级主要针对标准圆钻型切工的钻石，通过仪器测量和 10 倍放大镜目测获得相关数据，并结合《钻石分级》（GB/T 16554—2017）国家标准，进行相应的等级划分。

任务一　标准圆钻型钻石的切工及评价

为了最大限度地体现钻石的美，按理想的比例精确加工十分重要。钻石的各个部分都要求有一定的比例。钻石最常见的琢型是标准圆钻型，共有 57 或 58 个刻面。

标准圆钻型钻石的切工分级主要分为两个方面：比率和修饰度，即钻石的切工级别包括比率级别和修饰度级别。其中比率级别的主要评价指标：台宽比、冠高比、亭深比、腰厚比、全深比、底尖比、星刻面长度比、下腰面长度比、冠角和亭角等。

台面：冠部八边形刻面。
腰围：钻石中直径最大的圆周部分。
冠部：腰以上部分,有33个刻面。
亭部：腰以下部分,有24或25个刻面。
比率：亦称之为比例,是指各部分相对于腰围平均直径的百分比。根据不同比率测量项目(表7-1),保留至不同的最小百分位(表7-2)。

表7-1　规格测量项目精确度　　　　　　　　　　　　　　　　　　　　　(单位:mm)

规格测量项目	最大直径	最小直径	全深
精确至	0.01	0.01	0.01

注：引自《钻石分级》(GB/T 16554—2017)。

表7-2　比率测量项目的精确度

比率测量项目	台宽比	冠高比	腰厚比	亭深比	全深比	底尖比	星刻面长度比	下腰面长度比
保留至	1%	0.5%	0.5%	0.5%	0.1%	0.1%	5%	5%

注：引自《钻石分级》(GB/T 16554—2017)。

参照下图,填出下表。

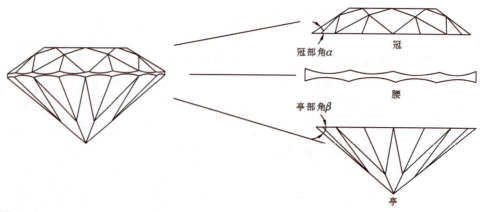

模块三 钻石的4C分级

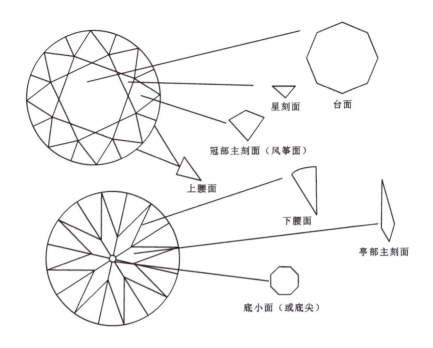

标准圆钻型钻石的组成

部位	名称	形状	数量
冠部	台面		
	主小面		
	星小面		
	上腰小面		
亭部	下腰小面		
	下主小面		
	底面		
合计(刻面数)			

一、标准圆钻型钻石的特点

该类钻石琢型具有完美的对称性,最能充分显示出钻石卓越的光学性质。

1. 钻石各部分的作用

(1)冠部的作用:①冠部的表面对光线的反射形成光泽(亮度);②冠部刻面(冠部主刻

面)产生的色散作用可以形成火彩效应(图7-1)。

(2)亭部的作用:对入射光线产生全反射。

(3)腰棱的作用:由于腰棱会导致漏光,理论上说,腰棱越薄越好。

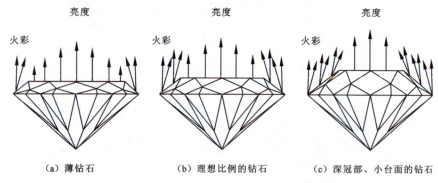

(a) 薄钻石　　(b) 理想比例的钻石　　(c) 深冠部、小台面的钻石

图7-1　钻石冠部高度与亮度、色散的关系图

2. 理想的比例

(1)亭部角度、冠部角度、台面大小都要互相配合。

(2)配合适当的圆钻,明亮、闪烁并具火彩的艳丽外观(这是确定最佳圆钻比例的一种观点和方法)。

(3)在一定条件下,可以通过计算光线在圆钻内的折射、反射得出最佳比例。

特别提示

(1)从冠部射出的光的总量决定了钻石的亮度,从内部反射光的量取决于亭部角度,钻石亭角的全反射临界角为24°。

(2)钻石的色散强弱取决于冠高、冠角以及刻面数量和大小,其中冠角越大,色散越强。

你知道吗?

世界五大钻石切磨中心(一)

世界五大钻石切磨中心:俄罗斯、美国纽约、比利时安特卫普、以色列特拉维夫、印度孟买。

俄罗斯使用自产的自动化机器,按照传统的叫法其切工叫作苏联工,苏联工钻石均为标准圆钻型切工,有57个刻面,底尖磨平,腰缘非常细致,呈半透明的磨砂状,表面常有平行细线,钻石大小从1pt到10ct都有。

3. 最理想的或最佳的比例

世界各地对钻石的亮度、色散要求不完全相同,主要有 4 种最理想琢型,见表 7-3。

表 7-3 4 种最理想的钻石琢型

名称	台宽比	冠高比	亭深比	冠角	亭角	腰厚比
托尔可夫斯基琢型（美国）	53%	16.2%	43%	34°30′	40°45′	1%～3%
艾普洛琢型（德国）	56%	14.4%	43.2%	33°10′	40°50′	1%～3%
Scan-DN 琢型（欧洲）	57.5%	14.6%	43.1%	34°30′	40°45′	1%～3%
标准圆钻型	56%～66%	11%～15%	41%～45%	31°37′	39°4′～42°1′	1%～3%

请依据下图,分析哪颗钻石的切工最完美?

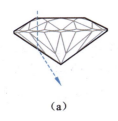 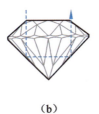 

(a)　　　　　　　　　　(b)　　　　　　　　　　(c)

二、标准圆钻型钻石的比率估测

借助钻石全自动切工测量仪及各种微尺、卡尺,能相当准确地测量出标准圆钻型钻石的各种比率或角度。比率测量项目包括:台宽比、亭深比、腰厚比、底尖比、冠高比、全深比、星刻面长度比、下腰面长度比、冠角和亭角 10 项,具体如图 7-2 所示。

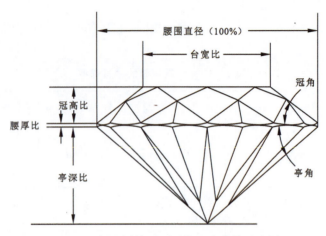

图 7-2　标准圆钻型琢型的比率参数示意图

所有测量长度的项目,单位为 mm,并精确到 0.01。

全自动钻石切工分析系统

目前,国内测量钻石切工比例的仪器主要有:全自动钻石切工分析系统(图 7-3)、Sarin 系列钻石切工比例仪和 GIA 钻石切工比例镜。其中,全自动钻石切工分析系统是一种精度高、速度快、使用简便的测量仪器,该仪器根据光学投影原理,运用计算机三维成像技术,得到一系列钻石投影图像自动并加以分析,精确测量和计算出待分级钻石的切工比率。

图 7-3　全自动钻石切工分析系统

(1)钻石切工比例仪必须配置参考标准物质,首选钻石,也可用合成立方氧化锆替代。
(2)钻石切工比例仪只适合标准圆钻型的裸钻切工比率测量。
(3)钻石切工比例仪广泛适用于成品钻石的切工分级,钻石加工过程的质量检验。
(4)仪器测量精度应满足《钻石分级》(GB/T 16554—2017)的要求。

对于镶嵌钻石,通常使用 10 倍放大镜,目测法进行切工比率估测,具体包括以下目测方法。

1. 台宽比的估测

基本概念

台宽比(table percentage)：台面宽度(图7-4)相对于腰围平均直径的百分比,计算公式如下：

$$台宽比 = 台面宽度(l_{ab})/腰围平均直径 \times 100\%$$

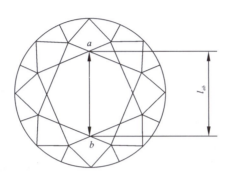

图7-4 台面宽度(l_{ab})示意图

估测台宽比的两种常用方法：

1) 弧度法

将钻石台面朝上,透过10倍放大镜观察,注意沿星刻面→台面→星刻面一条线观察下去,观察这8条线(图7-5中的蓝色线条)所表现出来的弧线的弯曲状况(图7-5),以判定台宽比的方法(表7-2)。

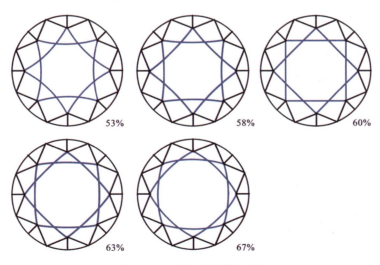

图7-5 弧度法估测台宽比

表 7-2 弧线弯曲状况与台宽比大致关系对应表

弧线弯曲状况	台宽比	弧线弯曲状况	台宽比
很明显向内弯	53%	稍向内弯	58%
8 条直线	60%	稍向外弯	63%
很明显向外弯	67%		

2) 比例法

目测从腰部到台面边缘的距离（CA）和台面边缘到中心点的距离（AB），如果 CA：AB＝1：1，则台宽比为 54％，其他比例如图 7-6 所示。

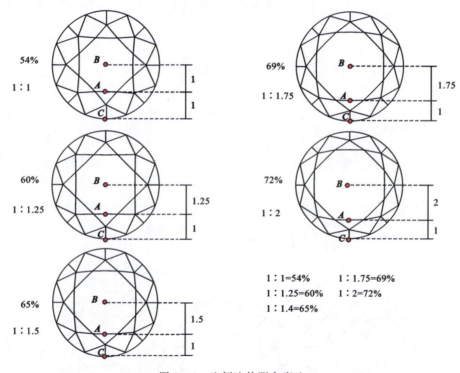

图 7-6 比例法估测台宽比

你知道吗？

世界五大钻石切磨中心（二）

美国加工钻石的自动打圆机主要引进于以色列，加工的钻石包括圆钻型和各种花式切工的钻石，主要加工以 5ct 以上的大钻为主。美式切工的圆钻型钻石有 58 个刻面，尖底磨平抛光成透明的八角形，腰缘磨成透明刻面，美国加工出来的钻石的对称性不如苏联工钻石和比利时工钻石。

2. 亭深比的估测

亭深比(pavilion depth percentage)：亭部深度相对于腰围平均直径的百分比，计算公式如下：

$$亭深比 = 亭部深度(h_p)/腰围平均直径 \times 100\%$$

亭深比是所有比例参数中可以目测得最准确的一项，利用台面经亭部反射所形成的影像大小，可判断亭部深度的百分比。

对照下面的图示，用自己的语言介绍钻石的亭深对钻石火彩的影响？

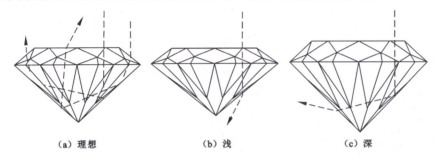

(a) 理想　　　　　(b) 浅　　　　　(c) 深

1) 台面影像法

通过 10 倍放大镜，垂直地从台面观察亭部反映的台面影像（图 7-7），并比较影像与台面的大小。根据台面影像的半径占台面半径的百分比，来确定亭部深度的比例，亭部越深，出现的圆圈影像就会越大。

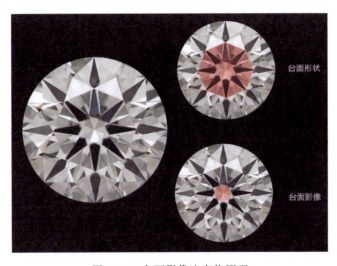

图 7-7　台面影像法实物原理

知识链接

钻石的"鱼眼"现象与"钉头"现象

"鱼眼"现象(图 7-8):当钻石的亭深比低于 40% 时,从台面(从上至下)观看钻石,沿着台面周围会有一圈灰白状的反色效果,也称为鱼眼效应。

"钉头"现象(图 7-9):圆明亮琢型的钻石,中心部分呈黑暗状无光泽,其形状与图钉相似,那是因为亭深比高于 48%,也称为黑底效应。

图 7-8 钻石中的"鱼眼"现象

图 7-9 钻石中的"钉头"现象

2)亭深侧视法

从侧面平行于腰棱平面方向观察圆钻,可见腰棱经亭部刻面反射后形成的两条(或一条)亮带,亮带的位置与相互间的间距(h_1、h_2)与亭部深度有关(图 7-10)。

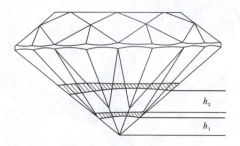

图 7-10 腰棱经亭部刻面反射后形成的两条亮带

练一练

仔细观察下面的亮带位置,并记住它们所对应的亭深比。

模块三 钻石的4C分级

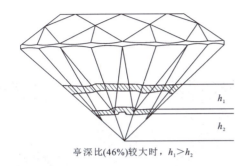
亭深比(46%)较大时，$h_1 > h_2$

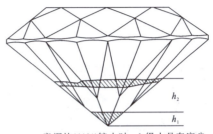
亭深比(41%)较小时，h_1 很小且在底尖

你知道吗？

世界五大钻石切磨中心(三)

以色列以前是使用传统工具切磨钻石的，加工出来的钻石腰缘较粗糙，加工的圆钻型钻石以 10~50pt 为主。目前，以色列工今非昔比，抛光非常好，钻石亮度高，同时保留原始晶面，所以钻石有时候并不只有 57 个刻面，这样的做法比较灵活，钻石的性价比得到提高。

3. 腰厚比的估测

腰厚比(girdle thickness percentage)：腰部厚度相对于腰围平均直径的百分比。计算公式如下：

$$腰厚比 = 腰部厚度(h_g)/腰围平均直径 \times 100\%$$

评价腰厚比的方法以目测为主，通常使用 10 倍放大镜观察整圈腰棱，找到上腰面和下腰面之间最窄的一段，估测其腰厚，再进行相应计算得出腰厚比，一般腰厚比被分为极薄、很薄、薄、适中、稍厚、厚、极厚几种类型，参见图 7-11(10 倍放大镜下)。

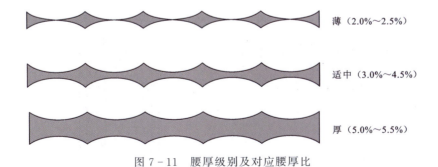

图 7-11　腰厚级别及对应腰厚比

根据钻石腰围抛磨情况,通常腰围有3种单一打磨情况(图7-12～图7-14)。实际观察中,还可能发现多种打磨情况同时出现在同一颗钻石腰围上的情况(图7-15),观察记录时以实际情况为准。

图7-12 粗磨腰

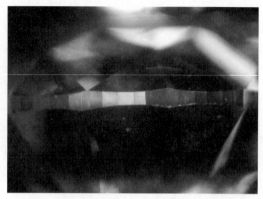

图7-13 刻面腰

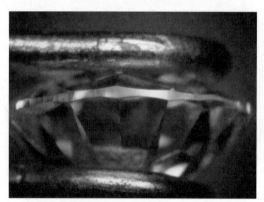

图7-14 抛光腰

图7-15 多种打磨情况的腰围(粗磨腰、刻面腰)

按照下面图示,练一练钻石腰部观察方法。

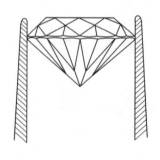

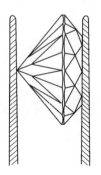

4. 底尖比的估测

底尖(culet)：又称底小面，亭部主刻面的交会点，呈点状或呈小八边形刻面。

底尖比(culet size percentage)：底尖直径相对于腰围平均直径的百分比。计算公式如下：

$$底尖比＝底尖直径/腰围平均直径×100\%$$

一般 50pt 以上的钻石，底部都可能会有小面，好的底尖比例是点状的底—小底尖。底尖比小于 1.0%，一般为"极小"；小于 4.0% 为"中等"以上的级别。目测时，如果在 10 倍放大镜下能看到清楚的八边形，则底尖偏大（图 7－16，表 7－4）。

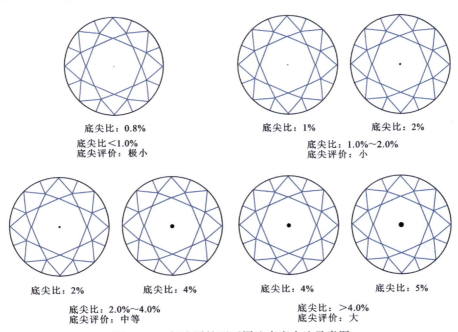

图 7－16　标准圆钻型不同比率底尖比示意图

表 7－4　底尖比的评价表（目测法）

底尖分级	底尖说明
无	10 倍放大镜下没有刻面，也可能为一小点
小	10 倍放大镜下几乎看不出的一个小面
中	10 倍放大镜下可感觉出一个小面
大	10 倍放大镜下已形成八角形的一个刻面，肉眼已能勉强感觉出来
非常大	肉眼可感觉出，整个八角形刻面在台面下形成一个阴影
极大	肉眼明显感觉出底面为八角形

你知道吗？

世界五大钻石切磨中心（四）

目前，比利时生产出来的钻石切磨工具遍及世界各地，通常在国际市场上对用比利时钻石切磨工具磨出来的钻石都称作比利时工。比利时工的钻石包括标准圆钻型切工和各种花式切工的钻石，大小从 1pt 到 10ct 都有。圆钻型钻石通常为 57 个刻面，有的底尖稍稍打磨成一个磨砂状的小白点（58 个刻面），以防钻石混装时磕碰摩擦损坏；另外，腰缘不抛光，呈磨砂状，冠部刻面对称稍差，少部分加工出来的钻石有"鱼眼"现象或黑底效应。

5. 冠高比的估测

基本概念

冠高比（crown height percentage）：冠部高度相对于腰围平均直径的百分比。计算公式如下：

$$冠高比 = 冠部高度(h_c) / 腰围平均直径 \times 100\%$$

6. 全深比的估测

基本概念

全深（total depth）：钻石台面至底尖之间的垂直距离（图 7-17）。

全深比（total depth percentage）：全深相对于腰围平均直径的百分比。计算公式如下：

$$全深比 = 全深(h_t) / 腰围平均直径 \times 100\%$$

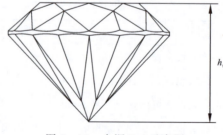

图 7-17　全深（h_t）示意图

钻石的4C分级 模块三

练一练

请在下图中指出冠高比、全深比所对应的位置。

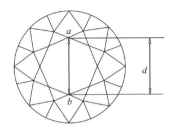
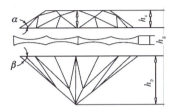
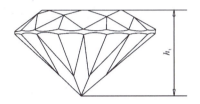

你知道吗?

世界五大钻石切磨中心(五)

印度的钻石加工方式以传统的家庭作坊式为主,加工出来的部分钻石抛光效果略差,对称性不太好,不过它们加工的钻石均以小钻为主,一般为 20pt 左右。

7. 星刻面长度比的估测

基本概念

星刻面(star facet):冠部主刻面与台面之间的三角形刻面。
星刻面长度比(star length percentage):星刻面顶点到台面边缘距离的水平投影(d_s),相对于台面边缘到腰边缘距离的水平投影(d_c)的百分比。

评价星刻面长度比的方法如下:
10 倍放大镜下垂直钻石台面观察,以台面边缘线到腰围边缘的距离视为 100%,目估星刻面长度所占百分比(图 7-18)。
(1)若星刻面宽为台面边缘到腰围边缘距离的 1/3,则对应星刻面长度比为 35%。
(2)若星刻面宽为台面边缘到腰围边缘距离的 1/2,则对应星刻面长度比为 50%。
(3)若星刻面宽为台面边缘到腰围边缘距离的 2/3,则对应星刻面长度比为 65%。
(4)若星刻面宽为台面边缘到腰围边缘距离的 3/4,则对应星刻面长度比为 75%。
(5)按照顺/逆时针方向估计全部 8 个星刻面后,求平均值,并取最接近 50% 的,星刻面长度比多为 50%～55%。除此之外,长星刻面(65%～70%)比短星刻面(35%～40%)常见,小于 35% 的星刻面少见。

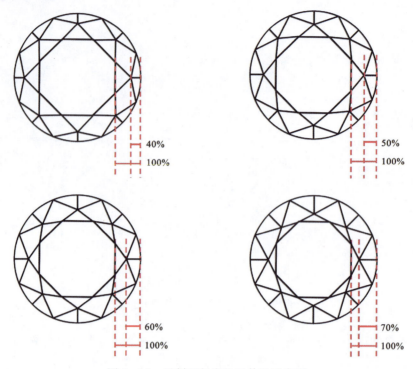

图 7-18 星刻面长度比目估法示意图

8. 下腰面长度比的估测

下腰面(lower girdle facet)：腰与亭部主刻面之间的似三角形刻面。

下腰面长度比(lower half length percentage)：相邻两个亭部主刻面的连接点到腰围边缘最近点之间距离的水平投影(d_1)，相对于底尖中心到腰边缘距离的水平投影(d_p)之间的百分比。

评价下腰面长度比的方法如下：

将钻石的底尖向上，在 10 倍放大镜下垂直向下观察，将底尖到最近腰围边缘的距离视为 100%，目估下腰面共棱线长度所占百分比，如图 7-19 所示。

(1)若下腰面共棱线的长度为底尖到最近腰围边缘距离的 1/3，则对应下腰面长度比为 35%。

(2)若下腰面共棱线的长度为底尖到最近腰围边缘距离的 1/2，则对应下腰面长度比为 50%。

(3)若下腰面共棱线的长度为底尖到最近腰围边缘距离的 2/3，则对应下腰面长度比为 65%。

(4)若下腰面共棱线的长度为底尖到最近腰围边缘距离的 3/4，则对应下腰面长度比为 75%。

(5)按照顺/逆时针方向估计全部 8 对下腰面长度比后,求平均值,并取最接近 50% 的,下腰面长度比多为 70%～85%。

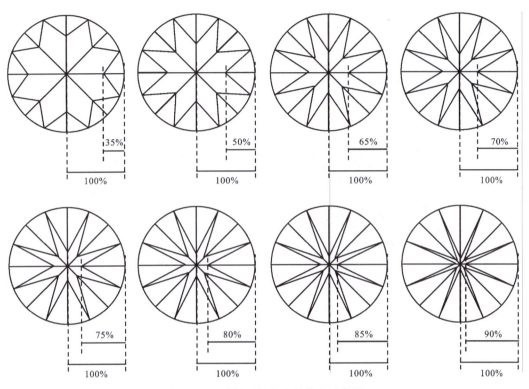

图 7-19 下腰面长度比目估法示意图

9. 冠角的估测

冠角(crown angle):冠部主刻面与腰部水平面的夹角,单位为度(°),保留至 0.2。

冠角常用的目测评定法如下:

1)冠角正视估测法

冠角正视估测法是垂直地透过台面和上主刻面观察下主刻面的轮廓,再通过观察台面与上主刻面界线后的连续程度来估计冠角的大小。连续程度可以根据下主刻面影像被台面边线截断区域的宽度(图 7-20 中的"B")和下主刻面影像与上主刻面边线相交区域的宽度(图 7-20 中的"A")来判断。

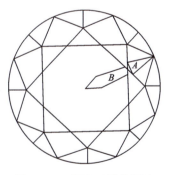

图 7-20 冠角正视估测法示意图

(1)当 A 与 B 几乎相等时,冠角为 25°。

(2)当 A 大约是 B 的 1.2 倍时,冠角为 30°。

(3)当 A 大约是 B 的 2 倍时,冠角为 34.5°。

如果冠角增大到一定的程度,A 要减少,这时透过上主刻面看到的下主刻面影像呈棱标状,称脱节现象。

仔细观察下面的亭部刻面的影像,判断冠角的大小。

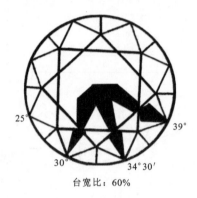
台宽比:60%

台宽比:60%;冠角:34°~34°30′

2)冠角侧视估测法

冠角侧视估测法是在 10 倍放大镜下从侧面观察标准圆钻型钻石,估计上主刻面与腰棱平面所形成的角度。用镊子夹住标准圆钻型钻石,并且要夹在下主刻面与腰棱相交的位置。使镊子与腰棱平面成 90°,这时,上主刻面正好形成钻石侧面轮廓的边。然后,把 90° 分成三等分,在 30°角的基础上加减角度,给出准确的测值(图 7-21)。

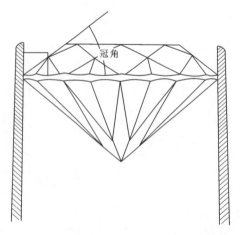
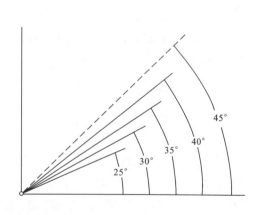

图 7-21 冠角侧视估测法示意图

10. 亭角的估测

亭角(pavilion angle)：亭部主刻面与腰部水平面的夹角,单位为度(°),保留至0.2。

亭角的评定参照冠角的测量方法进行估测。

三、标准圆钻型的比率级别

依据台宽比的范围(44%～72%),《钻石分级》(GB/T16554—2017)将台宽比分为23个区域,再依据冠角(α)、亭角(β)、冠高比、亭深比、腰厚比、底尖比、全深比、$\alpha+\beta$、星刻面长度比、下腰面长度比等项目,从而将钻石切工比率分为5个级别,极好(excellent,简写EX)、很好(very good,简写VG)、好(good,简写为G)、一般(fair,简写为F)、差(poor,简写成P)。具体划分标准见附录三。

对钻石比率的级别进行判断时,应注意以下几个方面。
(1)比率级别由全部测量项目中的最低级别表示。
(2)台宽比为52%～62%时,钻石方可能出现"极好(EX)"级别。
(3)台宽比为50%～66%时,钻石方可能出现"很好(VG)"及以上级别。
(4)星刻面长度比为40%～70%时,钻石为"很好(VG)"及以上级别,其中45%～65%为"极好(EX)"级别。
(5)下腰面长度比为65%～90%时,钻石为"很好(VG)"及以上级别,其中70%～85%为"极好(EX)"级别。
(6)以下比率项目在"极好"级别的参数总体不变,具体见表7-5。

表7-5 比率中"极好"级别所对应的各比率项目所在范围

比率项目	台宽比(52%～62%)	极好(EX)
冠角(α)(°)	52%～59%	31.2～36.0
	60%	31.2～35.8
	61%	32.2～35.6
	62%	32.8～35.0
亭角(β)(°)	52%～59%	40.6～41.8
	60%～61%	40.8～41.8
	62%	41.0～41.6

续表 7-5

比率项目	台宽比(52%～62%)	极好(EX)
冠高比(%)	52%～62%	12.0～17.0
亭深比(%)	52%～62%	42.5～44.5
腰厚比(%)	52%～62%	2.5～4.5
腰厚	52%～62%	薄—稍厚
底尖比(%)	52%～62%	<1.0
全深比(%)	52%	61.6～63.2
	53%	61.4～63.2
	54%	61.2～63.2
	55%	61.0～63.2
	56%	60.7～63.2
	57%	60.1～63.2
	58%	59.9～63.2
	59%	59.7～63.2
	60%～62%	58.5～63.2
α+β(°)	52%～62%	73.0～77.0
星刻面长度比(%)	52%～62%	45～65
下腰面长度比(%)	52%～62%	70～85

四、影响比率评价的其他因素

1. 超重比例

建议克拉质量：标准圆钻型钻石的直径所对应的克拉质量，见附录四。

超重比例=(实际克拉质量－建议克拉质量)/建议克拉质量×100%

依据待分级钻石(标准圆钻型)的腰围平均直径(即最大直径和最小直径的算术平均值)，查钻石建议克拉质量表(附录四)，得出待分级钻石的建议克拉质量，将该待分级钻石的实际克拉质量与建议克拉质量按照超重比例公式进行计算，得出相应比例级别(表 7-6)。

钻石的4C分级 模块三

表 7-6　超重比例与比率级别对应表

超重比率级别	极好(EX)	很好(VG)	好(G)	一般(F)
超重比例(%)	<9	9～16	17～25	>25

注：依据《钻石分级》(GB/T 16554—2017)。

2. 刷磨和剔磨

刷磨（painting）：上腰面连接点与下腰面连接点之间的腰厚（B），大于风筝面与亭部主刻面连接点之间的腰厚（A）的现象，即 $B>A$（图 7-22），反之，称为剔磨（digging out），即 $B<A$（图 7-22）。

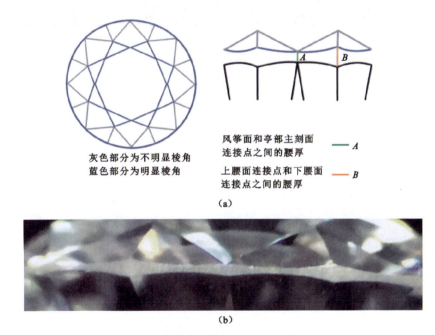

图 7-22　刷磨示意图(a)及刷磨钻石(b)

1）刷磨

当切磨的钻石质量处于克拉溢价的临界位时，就需要采取相应的方法使成品钻石的质量处于克拉溢价的界限之上，尤其在确定了腰棱厚度之后，刷磨几乎是唯一可以增加成品钻石质量的切磨方法（图 7-24）。

操作方法：减小倾斜角来切磨上腰小面或下腰小面。

目的：增加相应部位腰棱的厚度，达到增加成品钻石质量的目的。

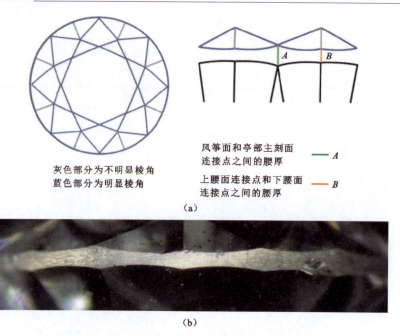

图 7-23 剔磨示意图(a)及剔磨钻石(b)

2) 剔磨

为了提高钻石的净度级别,尽可能地去除上、下腰小面浅表层的内、外部特征,剔磨就是可以在保存标准圆钻型钻石的质量前提下,有效提高钻石净度级别的切磨方法(图7-23)。

操作方法:加大倾斜角切磨上腰小面或下腰小面,使上、下腰小面对应的腰围厚度变小。

目的:去除相应位置的内、外部特征,达到提高钻石净度级别的目的。

上述刷磨和剔磨虽可保留钻石的质量,但对钻石的外观有不良影响:严重的刷磨会在钻石上造成大区块的同时闪光;严重的剔磨会让较大区块同时闪光,还会使上腰刻面的区块变暗。因此,有必要依据刷磨和剔磨的严重程度进行级别划分,依据《钻石分级》(GB/T 16554—2017)的要求,具体划分规则如下(表7-7)。

表 7-7 刷磨和剔磨的划分规则

级别	相应级别描述
无	在10倍放大条件下,由侧面观察腰围最厚区域。钻石上腰面连接点之间的腰厚等于风筝面与亭部主刻面连接点之间腰厚
中等	在10倍放大条件下,由侧面观察腰围最厚区域。钻石上腰面连接点之间的腰厚,对比风筝面与亭部主刻面连接点之间腰厚有较小偏差,钻石台面向上外观没有受到可注意的影响

续表 7-7

级别	相应级别描述
明显	在 10 倍放大条件下,由侧面观察腰围最厚区域。钻石上腰面连接点之间的腰厚,对比风筝面与亭部主刻面连接点之间腰厚有明显偏差,钻石台面向上外观受到影响
严重	在 10 倍放大条件下,由侧面观察腰围最厚区域。钻石上腰面连接点之间的腰厚,对比风筝面与亭部主刻面连接点之间腰厚有显著偏差,钻石台面向上外观受到严重影响

注:依据《钻石分级》(GB/T 16554—2017)。

特别提示

(1)不同程度和不同组合方式的刷磨和剔磨会影响比率级别,严重的刷磨和剔磨可使比率级别降低一级。

(2)在 10 倍放大条件下,由侧面观察到的腰围最厚区域来决定其级别。

五、标准圆钻型钻石的修饰度级别划分

基本概念

修饰度: 对钻石抛磨工艺的评价,分为对称性和抛光两个方面的评价。
对称性: 对切磨形状,包括对称排列、刻面位置等精确程度的评价。
抛光: 对切磨抛光过程中产生的外部特征影响抛光表面完美程度的评价。

修饰度是指钻石抛磨工艺的优劣程度,是评价钻石切工优劣的另一个重要因素,修饰度评价常从对称性和抛光两个方面进行。

1. 影响对称性的要素特征

影响对称性的要素包含可测量对称性要素和不可测量对称性要素。

1)可测量对称性要素

可测量对称性要素主要包括:

(1)腰围不圆。

(2)台面偏心。

(3)底尖偏心。

(4)台面/底尖偏离。

(5)冠高不均。

(6)冠角不均。

影响对称性级别的要素特征

(7)亭深不均。

(8)亭角不均。

(9)腰厚不均。

(10)台宽不均。

2)可测量对称性要素的计算方法及精确度

使用全自动切工测量仪以及各种微尺、卡尺,直接对各测量项目进行测量,应用以下公式对可测量对称性要素进行计算,精确度见表7-8。

(1)腰围不圆 $= \dfrac{\text{最大直径} - \text{最小直径}}{\text{腰围平均直径}} \times 100\%$。

(2)台面偏心 $= \dfrac{\text{台面中心与腰围轮廓中心在台面上的投影之间的距离}}{\text{腰围平均直径}} \times 100\%$。

(3)底尖偏心 $= \dfrac{\text{底尖中心和腰围轮廓中心在台面平面上的投影之间的距离}}{\text{腰围平均直径}} \times 100\%$。

(4)台面/底尖偏离 $= \dfrac{\text{台面中心和底尖中心在台面平面上的投影之间的距离}}{\text{腰围平均直径}} \times 100\%$。

(5)冠高不均 $= \dfrac{\text{最大冠高} - \text{最小冠高}}{\text{腰围平均直径}} \times 100\%$。

(6)冠角不均为最大冠角与最小冠角之差,单位为度(°)。

(7)亭角不均为最大亭角与最小亭角之差,单位为度(°)。

(8)亭深不均 $= \dfrac{\text{最大亭深} - \text{最小亭深}}{\text{腰围平均直径}} \times 100\%$。

(9)腰厚不均 $= \dfrac{\text{最大腰部厚度} - \text{最小腰部厚度}}{\text{腰围平均直径}} \times 100\%$。

(10)台宽不均 $= \dfrac{\text{最大台面宽度} - \text{最小台面宽度}}{\text{腰围平均直径}} \times 100\%$。

表7-8 对称性测量项目的精确度

对称性测量项目	腰围不圆	台面偏心	底尖偏心	台面/底尖偏离	冠高不均	冠角不均	亭深不均	亭角不均	腰厚不均	台宽不均
保留至	0.1%	0.1%	0.1%	0.1%	0.1%	0.1°	0.1%	0.1°	0.1%	0.1%

注:依据《钻石分级》(GB/T 16554—2017)。

3)不可测量对称性要素

不可测量对称性要素主要包括:

(1)冠部与亭部刻面尖点不对齐。

(2)刻面尖点不尖。

(3)刻面缺失。

(4)刻面畸形。

(5)额外刻面。

(6)天然原始晶面。

4)影响对称性的要素特征图

影响对称性的要素特征图如图7-24所示。

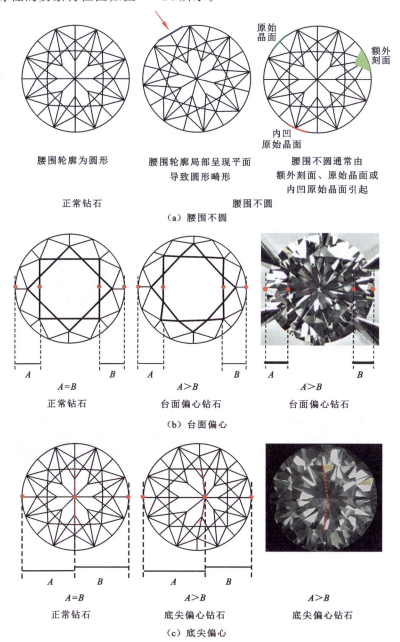

  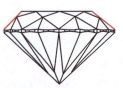

冠部主刻面侧视线长短一致　　冠部主刻面与腰面的连接处　　冠部主刻面
腰厚均匀　　　　　　　　　　腰厚较薄　　　　　　　　　　出现长短差异

冠角均匀钻石　　　　　　　　　　　　冠角不均钻石

(d) 冠角不均

亭部主刻面侧视线长短一致　　亭部主刻面与腰面的连接处　　亭部主刻面
腰厚均匀　　　　　　　　　　腰厚较薄　　　　　　　　　　出现长短差异

亭角均匀钻石　　　　　　　　　　　　亭角不均钻石

(e) 亭角不均

台面与腰棱所在平面平行　　　台面与腰棱所在平面不平行，呈倾斜状
冠部主刻面长度一致

台面和腰围平行钻石　　　　　　　　　台面和腰围不平行钻石

(f) 台面和腰围不平行

上腰面和下腰面之间　　　　　上腰面和下腰面之间距离不相等，有差异，
距离相等　　　　　　　　　　但上腰面和下腰面中点连接线为一条平行线
上腰面和下腰面中点连接线
为一条平等线

腰厚均匀钻石　　　　　　　　　　　　腰厚不均钻石

(g) 腰厚不均

钻石的4C分级　模块三

上腰面和下腰面中点　　　上腰面和下腰面中点　　　上腰面和下腰面中点
的连接线为一条平等线　　的连接线为波浪线　　　　的连接线为波浪线

正常钻石　　　　　　　　　　　　波状腰

（h）波状腰

从腰部观察　　　　　　　从腰部观察　　　　　　　从冠部观察
冠部刻面的交会点　　　　冠部刻面的交会点　　　　上腰面与下腰面棱线不重合
与相应的亭部刻面交会点　与相应的亭部刻面交会点　冠部主刻面和亭部主刻面
在同一垂直方向上　　　　不在同一垂直方向上　　　靠近腰围处错位

冠部与亭部刻面尖点对齐　　冠部与亭部刻面尖点不对齐

（i）冠部与亭部刻面尖点不对齐

 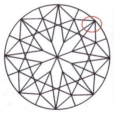 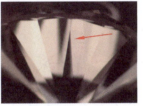

刻面的棱线　　　　　　　棱线在腰围处提前闭合　　棱线在腰围处提前闭合
在适当的位置上
交会成一个点　　　　　　刻面的棱线没有在适当的位置上交会成一个点

正常钻石　　　　　　　　　　刻面尖点不对齐

（j）刻面尖点不对齐

钻石的刻面数量　　　　　下腰面缺失　　　　　　　星刻面缺失
与标准圆钻型情况符合
　　　　　　　　　　　　钻石的刻面数量与标准圆钻型情况不符合

正常钻石　　　　　　　　　　刻面缺失

（k）刻面缺失

• 141 •

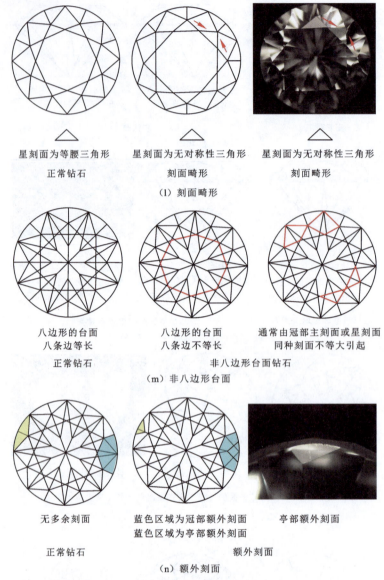

图 7-24 影响对称性的要素特征图

2. 对称性级别划分规则

依据《钻石分级》(GB/T 16554—2017)的规定,标准圆钻型钻石的对称性级别分为极好(EX)、很好(VG)、好(G)、一般(F)、差(P)5个级别。以可测量对称性要素级别和不可测量对称性要素级别中的较低级别为对称性级别。

(1)可测量对称性要素级别依据表 7-9 查得各测量项目级别,由全部测量项目中最低级别表示。

表 7-9 可测量对称性要素级别划分规则

可测量对称性要素	极好(EX)	很好(VG)	好(G)	一般(F)	差(P)
腰围不圆(%)	0~1.0	1.1~2.0	2.1~4.0	4.1~8.0	>8.0
台面偏心(%)	0~0.6	0.7~1.2	1.3~3.2	3.3~6.4	>6.4
底尖偏心(%)	0~0.6	0.7~1.2	1.3~3.2	3.3~6.4	>6.4
台面/底尖偏离(%)	0~1.0	1.1~2.0	2.1~4.0	4.1~8.0	>8.0
冠高不均(%)	0~1.2	1.3~2.4	2.5~4.8	4.9~9.6	>9.6
冠角不均(°)	0~1.2	1.3~2.4	2.5~4.8	4.9~9.6	>9.6
亭深不均(%)	0~1.2	1.3~2.4	2.5~4.8	4.9~9.6	>9.6
亭角不均(°)	0~1.0	1.1~2.0	2.1~4.0	4.1~8.0	>8.0
腰厚不均(%)	0~1.2	1.3~2.4	2.5~4.8	4.9~9.6	>9.6
台宽不均(%)	0~1.2	1.3~2.4	2.5~4.8	4.9~9.6	>9.6

注:依据《钻石分级》(GB/T 16554—2017)。

(2)不可测量对称性要素级别的划分规则见表 7-10。

表 7-10 不可测量对称要素级别的划分规则

级别(英文简写)	相应级别描述
极好(EX)	10 倍放大镜下观察,无或很难看到影响对称性的要素特征
很好(VG)	10 倍放大镜下台面向上观察,有较少影响对称性的要素特征
好(G)	10 倍放大镜下台面向上观察,有明显影响对称性的要素特征。肉眼观察,钻石整体外观可能受影响
一般(F)	10 倍放大镜下台面向上观察,有易见的、大的影响对称性的要素特征。肉眼观察,钻石整体外观受到影响
差(P)	10 倍放大镜下台面向上观察,有显著的、大的影响对称性的要素特征。肉眼观察,钻石整体外观受到明显的影响

注:依据《钻石分级》(GB/T 16554—2017)。

3. 影响抛光级别的要素及其特征

抛光纹:钻石抛光不当造成的细密线状痕迹,在同一刻面内相互平行。
"蜥蜴皮"效应:已抛光的钻石表面上呈现透明的凹陷波浪纹理,其方向接近解理面的方向。

影响抛光级别的主要要素特征包括：

(1)抛光纹。

(2)刮痕。

(3)烧痕。

(4)缺口。

(5)棱线磨损。

(6)击痕。

(7)粗糙腰围(图7-25)。

(8)"蜥蜴皮"效应(图7-26)。

(9)黏秆烧痕。

图7-25 粗糙腰围

图7-26 "蜥蜴皮"效应

4. 抛光级别的划分规则

依据《钻石分级》(GB/T 16554—2017)的规定，标准圆钻型钻石的抛光级别分为极好、很好、好、一般、差5个级别，具体划分原则见表7-11。

表7-11 抛光级别划分规则

级别(英文简写)	相应级别划分规则
极好(EX)	10倍放大镜下观察，无至很难看到影响抛光的要素特征
很好(VG)	10倍放大镜下台面向上观察，有较少影响抛光的要素特征
好(G)	10倍放大镜下台面向上观察，有明显影响抛光的要素特征。肉眼观察，钻石光泽可能受到影响
一般(F)	10倍放大镜下台面向上观察，有易见的影响抛光的要素特征。肉眼观察，钻石光泽受到影响
差(P)	10倍放大镜下台面向上观察，有显著的影响抛光的要素特征。肉眼观察，钻石光泽受到明显的影响

注：依据《钻石分级》(GB/T 16554—2017)。

教你一招

观察抛光纹的方法

观察时不要直接观察表面,因为有时表面发光会使抛光纹不明显。通常观察抛光纹的理想方法是在10倍放大镜下,通过台面观察亭部各面,因为穿过钻石观察对面刻面最不容易造成反光。

练一练

仔细观察下面的图(A～G),判断它们属于何种修饰度偏差。

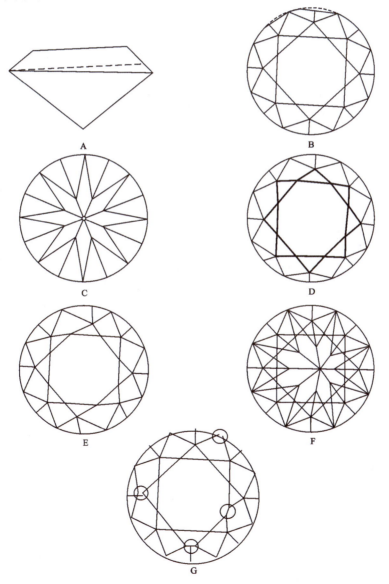

你知道吗?

3EX 是什么含义?

3EX 指抛光、对称、切工都是 Excellent(完美)。3EX 切工是钻石切工中最好的,3EX 切工切割出来的钻石能使钻石的火彩更加璀璨夺目,切工因素占钻石价值的 40%。

六、标准圆钻型钻石的切工级别划分规则

标准圆钻型钻石成品的最终切工级别将根据其比率级别、修饰度级别(对称性级别、抛光级别)进行综合评价。

其中,比率级别主要采用全自动钻石切工测量仪及各种微尺、卡尺直接对各比率项目进行测量后,对照比率分级表(附录三),以全部比率项目中的最低级别来确定待分级钻石的最终比率级别。

修饰度级别以待分级钻石的对称性级别和抛光级别来确定,取两者中的较低级别作为其修饰度级别。因此,修饰度级别基本同样分为:极好(EX)、很好(VG)、好(G)、一般(F)、差(P)5 个级别。

待测标准圆钻型钻石成品的切工级别依据表 7-12 得出。

表 7-12 切工级别划分规则表

切工级别		修饰度级别				
		极好(EX)	很好(VG)	好(G)	一般(F)	差(P)
比率级别	极好(EX)	极好	极好	很好	好	差
	很好(VG)	很好	很好	很好	好	差
	好(G)	好	好	好	一般	差
	一般(F)	一般	一般	一般	一般	差
	差(P)	差	差	差	差	差

注:依据《钻石分级》(GB/T 16554—2017)。

特别提示

(1)钻石分级的专业人员,应熟练掌握钻石切工比例仪的正确使用方法,并具备 10 倍放大镜目测切工比率和修饰度的能力和技巧。

（2）应由两三名技术人员独立完成同一待分级钻石的抛光分级和对称性分级，并达成统一的结果。

任务二 "八心八箭"钻石的切工及评价

基本概念

"八心八箭"是指圆形裸钻在特殊的观赏镜下，可于正面看见八支"箭"形，反面会有八个心形呈现。

"八心八箭"，也称丘比特切工（图7-27），英文专有名词 H & A，全称是 Heart Arrow，是1977年日本人 Shigetomi 最早研发出的切工方法，于1999年开始流行于韩国、台湾、中国及美国等地。"八心八箭"聚一体，比喻"邂逅、钟情、暗示、梦幻、初吻、缠绵、默契、山盟"8个美丽意境，赋予了钻石独有的爱情意义。目前，"八心八箭"钻石已成为市场宠儿。

这种琢型是在钻石的标准圆钻型基础上加以改进而成的。当该琢型的钻石台面朝上时，透过"八心八箭"观察镜，可以看到8个"心"形（刻面反射而成）；台面朝下时，出现8个"箭"形，被钻石商喻为"丘比特的爱神之箭"，与传统的标准圆钻型切工相比，这种切工的钻石要多损失10%～15%的原石。

图7-27 "八心"（左）与"八箭"（右）

一、观察方法

"八心八箭"的图形由底部主刻面的反射形成，底部主刻面反射到对面的下腰刻面，两个反射就形成一个"心"形的图案，8个底部刻面和16个下腰刻面，对应起来形成了8个"心"。

"八心八箭"钻石的形态只能够通过专用的八心八箭观察镜（图7-28～图7-30）看到，

肉眼是不可能看到的。市面上的八心八箭观察镜有许多款式，有一种是电子仪器型的目视镜，可以从计算机屏幕看到"八心""八箭"的形态，并可见白光闪烁。

图 7-28　八心八箭观察镜

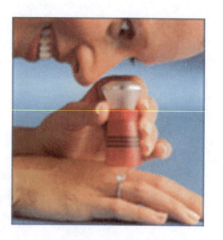

图 7-29　观察方法示意图

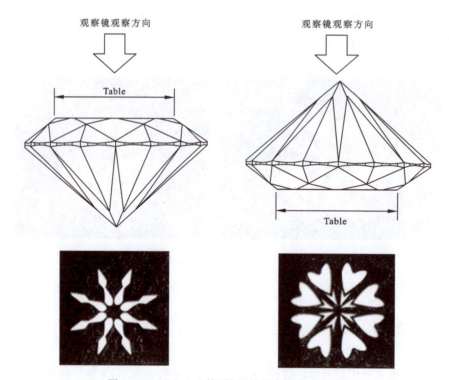

图 7-30　"八心八箭"钻石的观察视角及现象

你知道吗?

目前,中国已迅速发展成为全球第四大钻饰品消费国。每年在中国进行加工的钻石总量达 600 万~650 万 ct,总价值约 15 亿美元,而且钻石加工能力达到世界一流水平。

知识链接

"九心一花"钻石

"九心一花"钻石是谢瑞麟珠宝有限公司(TSL)与拥有超过 45 年打磨及切割钻石经验的顶尖国际钻石看货商蓝玫瑰(Rosy Blue)以三年时间,在八心八箭的基础上开发出来的。"九心一花"图案的天然钻石,每颗由冠部的 37 个刻面及亭部的 63 个刻面组成,共有 100 个切割面(图 7-31)。

每颗"九心一花"钻石,从正面观看,均呈现出完美对称的"九心",并围绕着中间的花形图案。其中九个完美的心,代表着长久而永恒的爱;而中间的"一花",则象征唯一的挚爱。

图 7-31 切工为"九心一花"的钻石

二、评价标准

"八心八箭"切工的评价标准:角度比例、对称性、镜面反射,通常将心、箭的外观形态是否美观完整作为评价依据,具体见表 7-13。

表 7-13 "八心八箭"切工的评价参考图

不完美	不完美	不完美	不完美	完美八箭
箭型肥大	不规则箭型	部分箭型缺失	部分箭头缺失	均匀对称
不完美	不完美	不完美	不完美	完美八心
心型变形	部分心型破裂	部分心型未成形	心型比例不均	均匀对称

切工是衡量钻石价值四大因素中的一个,有许多种切割方式,呈现出不同图案,"八心八箭"和"九心一花"都只是不同切工呈现出的效果,并不表明"八心八箭"和"九心一花"是完美或最佳切工,只因这种营销推广方式收效显著而成为业内潮流,不排除以后会出现新的切工。

任务三 花式切工钻石的切工及评价

钻石的琢型

花式切工钻石又称异形钻,主要包括八种类型:椭圆型钻、心型钻、梨型钻、橄尖型钻、公主方型钻、祖母绿型钻、长方型钻、玫瑰型钻等(图 7-32～图 7-34)。对于花式切工钻石来说,重要的不是它的切割比例,而是它的修饰度:

(1)重要的是轮廓,不用考虑底尖、腰棱厚薄和冠角等;

(2)观察外部轮廓,各种琢型长宽比例是否协调,仅描述缺陷;

(3)注意花式切工钻石的亭深,如果心型钻和梨型钻出现"领带效应",则说明亭部太深。

图 7-32 各种花式切工的钻石

图 7-33 公主方型钻　　　　　　　　图 7-34 心型钻

下面的花式切工钻石有多少个刻面？

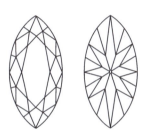

　　　　橄尖型钻　　　　　　　　　　梨型钻

冠部：_____　亭部：_____　冠部：_____　亭部：_____

特别提示

不论什么款型的钻石，4C 分级的评定标准是不变的，即净度、色级、切工、质量。当然在具体执行这个标准时，一般都会根据各种不同款型，略微调整评定依据，然后做出客观公正的评定。

任务四　切工对钻石价格的影响

切工是 4C 分级中对钻石价值影响最大的因素，而我国钻石消费者目前对此还不太重视，因此有些珠宝商往往将成色和净度尚好，但切工低劣的钻石卖给消费者，并由此给消费者带来损失。下列建议可供钻石消费者参考：

(1) 若台面不是正八边形，价格减 2%～15%。

(2) 若腰部太厚,价格减 5%～10%。
(3) 若腰部太薄,价格减 2%～25%。
(4) 若冠部的对称程度失调,价格减 5%～15%。
(5) 若刻面不对称,价格减 2%～5%。
(6) 若刻面边棱不直,价格减 2%～25%。
(7) 若亭部太浅,价格减 15%～50%。
(8) 若亭部太深,价格减 10%～30%。
(9) 若冠部太薄,价格减 5%～20%。
(10) 若冠部太厚,价格减 5%～15%。

上述 10 个方面对钻石价格的影响范围较宽,具体价格取决于切工级别的严重程度,同时,参照钻石的亮度和色散程度(火彩),可以大致确定钻石的价格。

(1) 圆明亮琢型的比例评价标准是什么?
(2) 钻石切工分级包括哪些内容?如何对一颗圆明亮琢型钻石进行切工分级?

实习四　钻石的切工分级

一、实习目的
(1)学习在10倍放大镜下观察钻石切工分级的方法。
(2)掌握钻石切工比例、对称性、腰棱条件、底尖状况及抛光情况的观察方法。
(3)掌握在10倍放大镜下全面评价钻石切工质量好坏。

二、实习工具及标本
(1)10倍放大镜、钻石灯、镊子、托盘、钻石投影比例仪、八心八箭观察镜。
(2)标准圆钻型钻石切工标本25粒,"八心八箭"切工标本10粒,花式切工标本5粒。

三、实习内容及步骤
(1)利用钻石切工比例仪对圆钻型钻石进行切工比例的准确测量。
(2)利用10倍放大镜,确定圆钻型钻石的切工比例,并且评价切工的对称性。
(3)利用10倍放大镜,观察花式琢型,并素描其轮廓。
(4)利用10倍放大镜,观察成品钻石的腰棱和底尖比。
(5)利用"八心八箭"观察镜,观察"八心八箭"切工钻石的形态,并加以评价。

钻石鉴定及分级
ZUANSHI JIANDING JI FENJI

单元八　钻石质量

学习目标

知识目标：掌握钻石质量的称量单位及换算方法。
能力目标：能够应用钻石质量的称量方法对钻石质量进行称量。

在钻石分级中，最重要而又最简单的一项任务就是质量分级。钻石的质量，既可用精密的电子天平或机械天平直接称量（适用于未镶嵌钻石），也可用各种量规、钻石筛，应用尺寸-质量计算方法获得。钻石分级机构通常直接以电子天平的称量结果为准。

任务一　钻石质量的单位

一、克（g）

克（g）是我国的法定计量单位，钻石的质量用"克"来表示时，要求精确到 0.000 1g。

二、克拉（ct）

克拉（ct）是国际通用的宝石质量单位，源于地中海的角豆树（carob）的干果。因为这种干果的每颗质量都非常相近，约 0.205g，所以过去被人们用作称量钻石的砝码。

$$1g=5ct \qquad 1ct=0.2g$$

三、分（pt）

分（pt）也是国际通用的宝石质量单位，多用于钻石质量小于 1ct 的计量。

$$1ct=100pt$$

四、格令(grain)

格令(grain)也是国际通用的宝石质量单位,主要用于钻石批发中。

$$1 \text{ 格令} = 0.25\text{ct} = 25\text{pt}$$

五、粒

在钻石的批发贸易中,对于碎钻,也可以用"每克拉多少粒"来表示其质量,如每克拉20粒表示每粒钻石的平均质量约为5pt。

钻石的质量表示方法:在质量数值后的括号内注明相应的克拉质量,例如:0.200 0g(1.00ct)。

你知道吗?

"克拉"的由来

钻石的计量单位:
"克拉"的由来

克拉作为质量单位,起源于欧洲地中海边的一种角豆树的果仁(图8-1),这种树盛开淡红色的花朵,豆荚结褐色的果仁,果仁长约15cm,可用来制胶。角豆树有一个奇特的现象:无论长在何处,它所结的果仁,每一颗的质量均一致。在历史上,这种果实被用作测定质量的砝码,久而久之便成了一种质量单位,用于称贵重和细微的物质。直到1907年,国际上将它商定为宝石的计量单位,沿用至今。

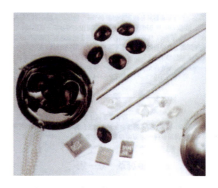

图8-1 角豆树(carob)的果仁

任务二 钻石的称量

一、工具

常用工具:电子天平、台式电子秤、克拉天平、卡尺、量规等(图8-2)。

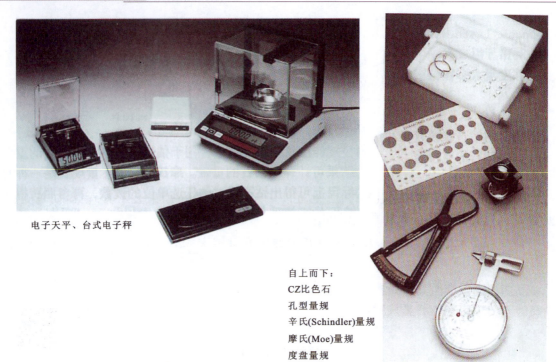

图 8-2　常用钻石称量工具

二、规则

用分度值不大于 0.000 1g 的天平称量,质量数值保留至小数点后的第四位。换算成克拉质量时,保留至小数点后的第二位,小数点后的第三位数除了"9"外,一律不计,即第三位"逢九进一"。

钻石的称重规则

任务三　钻石的质量分级

一、常用不同切工钻石的质量计算公式[①]

(1)标准圆钻型:

质量=腰围平均直径^2×全深×K（K=0.006 0～0.006 2）

　　　=腰围最大直径×腰围最小直径×全深×K

钻石全深比与 K 值的对应关系如表 8-1 所示。

[①]质量单位为 ct,长度单位为 mm。

钻石的4C分级 模块三

表 8-1 钻石全深比与 K 值的对应关系表

钻石全深比	对应的 K 值
<58%	0.006 0
58%～63%	0.006 1
>63%	0.006 2

注：K 的平均值为 0.006 1。

(2)椭圆型钻：

质量＝腰围平均直径^2×高度×0.006 2

(3)心型钻：

质量＝长×宽×高×0.005 9

(4)祖母绿型钻：

质量＝长×宽×高×0.008 0(长：宽＝1.00：1.00)

　　＝长×宽×高×0.009 2(长：宽＝1.50：1.00)

　　＝长×宽×高×0.010 0(长：宽＝2.00：1.00)

　　＝长×宽×高×0.010 6(长：宽＝2.50：1.00)

(5)橄尖型钻：

质量＝长×宽×高×0.005 65(长：宽＝1.50：1.00)

　　＝长×宽×高×0.005 80(长：宽＝2.00：1.00)

　　＝长×宽×高×0.005 85(长：宽＝2.50：1.00)

　　＝长×宽×高×0.005 95(长：宽＝3.00：1.00)

(6)梨型钻：

质量＝长×宽×高×0.006 15(长：宽＝1.25：1.00)

　　＝长×宽×高×0.006 00(长：宽＝1.50：1.00)

　　＝长×宽×高×0.005 90(长：宽＝1.66：1.00)

　　＝长×宽×高×0.005 75(长：宽＝2.00：1.00)

练一练

(1)1ct＝_____格令。

(2)1g＝_____ct。

(3)30.359ct 应该写成_____ct。

(4)50pt＝_____格令。

(5)钻石的法定质量单位为_____，精确度为_____。

(6)换算成克拉时应该保留小数点后的_____位有效数字。

(7)钻石的质量在什么范围内，可以进行钻石质量分级？

钻石鉴定及分级 ZUANSHI JIANDING JI FENJI

二、标准圆钻型钻石的直径与建议克拉质量对照表

对于标准圆钻型钻石,可根据其腰围平均直径查出其建议克拉质量(附录四)。其中,常见的建议克拉质量与钻石(标准圆钻型)的腰围平均直径对照关系如表8-2所示。

表8-2 常见的标准圆钻型钻石腰围平均直径与建议克拉质量对照关系表

直径(mm)	大约质量(ct)	直径(mm)	大约质量(ct)
3.0	0.10	5.2	0.50
3.8	0.20	5.5	0.60
4.1	0.25	5.8	0.70
4.4	0.31	6.5	1.00
4.8	0.40	7.7	1.70

注:依据《钻石分级》(GB/T 16554—2017)。

你知道吗?

我国历史上有记载的4颗100ct以上钻石

1. 常林钻石

重158.786ct,1977年12月22日发现于山东省临沭县(常林大队),现存于中国人民银行。

2. "陈埠一号"

重124.27ct,1981年8月15日发现于山东郯城陈埠,已被原国家建筑材料工业局上海华东物资管理处收购。

3. "蒙山一号"

重119.01ct,1983年11月14日发现于山东蒙阴701钻石矿。1984年4月,国家建筑材料工业局上海华东物资管理处按统货价格168元/ct、共计19 993.68元的价格收购。"蒙山一号"钻石是目前国内原生矿最大的产品。

4. 蒙阴特大金刚石(未命名)

重101.469 5ct,2006年5月27日发现于山东蒙阴701钻石矿生产线上。这是我国首次在工业选矿流程中选出的百克拉以上的金刚石,也是我国第二颗从原生矿石中选出的100ct以上的金刚石。暂存于中国人民银行。

练习题

1. 钻石的称量规则是什么？
2. 钻石的质量单位有哪些？相互之间的换算关系？
3. 如何对所给出的未知标本进行称量，并利用直径大小对质量进行估测？

实习五　钻石的质量分级

一、实习目的
通过实验,了解钻石质量分级的意义及各种测量仪器的使用。

二、实习工具及标本
各种量规、钻石筛子、手持克拉秤、台式克拉秤、镊子、托盘及钻石标本 30 粒(标准圆钻型钻石 15 粒、各种异钻型钻石 15 粒)。

(1)电子天平:精确测重,精度可达小数点的后 3 位。

(2)千分尺:较准确。

(3)手持天平:不太精确。

(4)孔径量规:测量钻石的腰围平均直径后,查出钻石的建议克拉质量。

(5)测径规。

(6)对照量规。

三、实习指导及实验步骤

(1)按照钻石的称量规则,运用电子天平分别测量 30 粒钻石标本,以克拉(ct)为记录单位,注意单位的换算。

(2)选择适当的量具,分别测量 10 粒标准圆钻型钻石、5 粒异钻型钻石,并运用相关公式计算钻石质量,同时运用电子天平称量测量进行验证。

(3)使用手持天平,分别以克(g)和克拉(ct)测量 30 粒钻石标本,并记录,注意单位之间的相互换算。

单元九　镶嵌钻石分级规则

学习目标

知识目标：掌握镶嵌钻石分级规则的4C级别特点。
能力目标：能够应用镶嵌钻石分级方法对镶嵌钻石进行4C分级。

1996年，国家质量检验检疫总局根据我国钻石市场的实际情况，制定了镶嵌钻石的分级规则——"镶嵌钻石品质分级规则"[《钻石分级》(GB/T 16554—1996)]，体现了我国钻石首饰市场的需求。

2017年，新推出的《钻石分级》(GB/T 16554—2017)对"镶嵌钻石分级"这个部分做了相应调整(附录二)。

一、镶嵌钻石的颜色分级

镶嵌钻石的颜色确定与裸钻一样，都是采用比色法进行分级的，共分为7个级别，见表9-1。

表9-1 镶嵌钻石颜色等级对照表

镶嵌钻石颜色等级	D—E		F—G		H	I—J		K—L		M—N		<N
对应的未镶嵌钻石颜色级别	D	E	F	G	H	I	J	K	L	M	N	<N

注：依据《钻石分级》(GB/T 16554—2017)。

特别提示

镶嵌钻石颜色分级的注意事项：

(1)颜色分级应考虑贵金属托对钻石颜色的影响，通常白色的钻石用白色的金属镶嵌，而带黄色的钻石则用黄色的金属镶嵌，这样会使钻石的颜色显得淡一些。

(2)比色时，最好用与镶嵌金属相同颜色的钻石爪或镊子夹住比色石，与镶嵌钻石比较相同的部位。

(3) 因为底尖被遮挡，不容易比较，往往是比较腰部或者台面（包镶时），此时要注意钻石大小对颜色的影响。

(4) 因为镶嵌钻石不容易比色，所以其颜色等级是一个较宽的范围。

二、镶嵌钻石的净度分级

镶嵌钻石的净度分级方法与未镶嵌钻石的净度分级方法类似，因为镶嵌的缘故，在10倍放大镜下镶嵌钻石净度分为LC、VVS、VS、SI、P五个大级别，不再详细分为10个小级别。

特别提示

镶嵌钻石净度对LC级及VVS级的确定要倍加细致小心，原则上建议不定LC级。

三、镶嵌钻石的切工测量与描述

对满足切工测量的镶嵌钻石，采用10倍放大镜目测法，测量台宽比、亭深比等比率要素，一般比率写级别范围，如台宽比53.0%～66.0%，亭深比40.0%～41.0%。

对满足切工测量的镶嵌钻石，采用10倍放大镜目测法，对影响修饰度（包括对称性和抛光）的要素特征加以描述，通常只描述比较严重的修饰度偏差。

四、镶嵌钻石的质量

在钻石镶嵌之前，加工厂将钻石的质量称量，待镶嵌完成后，将钻石的质量直接打印在金属托上，但该质量只能作为参考值，除非将钻石拆下重新称量。

对于未将钻石质量标出的镶嵌钻石，如果钻石高度无法测量，我们可以根据其腰围平均直径来估算它的近似质量：

$$近似质量 = (腰围平均直径/6.5) \times 3$$

钻石的收藏与投资前景预测

与黄金、铂金类似，从1800年至今，钻石一直被认为是最值得购买和投资的珠宝，特别是近100年来，全球钻石的价格几乎呈现出跳跃式增长。

目前，在中国香港、台湾等地区，大部分收藏家已经开始将目光转向了5ct以上的精品钻石，那些成色、切工、净度优异的钻石成为了他们追崇的目标。而在内地市场尚未完全成熟时，可以先购买1～3ct的钻石进行投资。

国内已先后有包括上海钻石交易所以及一些钻石首饰提供商在内的机构提供钻石回购的业务,按照"每克拉美"(品牌名称)推出钻石回购的标准规定:"钻石产品自购买之日起3年以上(含3年),参照国际钻石市场价格进行现金回购,最低以该钻石商品的原价现金回购。"规定中的钻石是指那些质量在0.5ct以上的,成色、净度、切割等方面没有明显缺陷的优质钻石。

可以预见,随着钻石投资的进一步发展和国内钻石回购业务的逐步开展,今后国内投资者将在现有的投资基础上拥有更多的选择,而高回报低风险的钻石投资无疑将日益受到更多的关注。

(1)镶嵌钻石的净度级别有哪些?
(2)镶嵌钻石的颜色级别如何划分?

实习六　钻石 4C 综合分级

一、实习目的

(1)熟悉用 10 倍放大镜鉴别钻石及其仿制品。

(2)对钻石进行 4C 分级系统训练,全面掌握钻石颜色、净度、切工的分级方法,通过实验在较短时间内达到快速鉴别钻石与钻石仿制品的目的。

(3)用 10 倍放大镜鉴别优化处理钻石(激光钻孔、裂隙充填)。

二、实习工具及标本

(1)10 倍放大镜、镊子、比色槽、比色板、钻石灯、钻石布、托盘、酒精、棉花。

(2)标本 30 粒(钻石、钻石仿制品、优化处理钻石各 10 粒)。

三、注意事项

(1)4C 分级实验是系统实习,要求熟悉掌握钻石分级的各部分内容,并且在实验中逐渐加快分级速度,达到熟练分级的目的。

(2)在实验标本中有各种钻石仿制品,注意鉴别,尤其是对花式切工钻石仿制品的鉴别。

(3)注意优化处理钻石的鉴别、并给出鉴别依据。

(4)注意钻石的准确观察和描述。

单元十 钻石分级证书

学习目标

知识目标：能够掌握钻石分级证书的基本内容；能够掌握钻石分级证书的认证标识和含义。

能力目标：能够对钻石分级证书进行解读。

基本概念

钻石分级证书（Diamond Grading Report）：又称钻石质量保证书，是由珠宝专家们通过细查钻石，并把它置于放大镜下分析其尺寸、净度、切工、颜色、抛光、对称性及其他的特性，从而形成的一份报告。

钻石分级证书可使人们全面、详细地了解对应钻石的品质和级别，确保钻石首饰的真实性和可靠性，发挥钻石分级证书在保护市场、维护消费者权益方面的积极作用。钻石分级证书具有一定的法律效力。

一、钻石分级证书的起源

在评估钻石的价格之前，需要先确定钻石的品质，为此，美国宝石学院（Gemological Institute of America，简称 GIA）创立了自己的钻石品质分级制度。

第二次世界大战后，GIA 在纽约创立了第一家宝石鉴定所，开始签发钻石鉴定报告，即钻石鉴定证书，以满足市场的需求。钻石鉴定证书的产生使钻石买卖发生了极大的变化：原来必须逐粒鉴定其品质的钻石，现在则可直接参考钻石鉴定证书。

按照 GIA 的声明，其所签发的证书，如作为买卖的依据，GIA 不负任何责任。但是由于其证书受到市场买卖双方普遍的欢迎与信任，许多珠宝商们乐于使用它们作为钻石品质的依据。证书的流通原来只限于钻石商同行之间，最终到达消费者手中，这不仅在美国本土流行，而且遍及世界。

知识链接

美国宝石学院(GIA)概况

美国宝石学院(图10-1)由创办人Robert M. Shipley于1931年在美国Los Angeles成立,最初是以夜校及函授的方式训练珠宝商如何评估批发价。1953年,GIA在New York创立了第一所实验室,开始签发钻石鉴定报告,而后又在加州圣塔蒙尼卡(Santa Monica)及Los Angeles市区设立另两个实验室,正式名称为宝石业鉴定公司(Gem Trade Laboratory. INC,简称GTL),GTL隶属于GIA,专职鉴定但不估价。

GIA被世界公认为宝石学领域的最高权威机构。GIA于1953年创立了国际钻石分级系统(International Diamond Grading System),是最早系统地提出钻石4C分级规则的机构。这个系统几乎得到了世界上所有专业宝石商的承认。学院致力于研究、教育、宝石实验室服务和器械开发,支持最高标准的诚信、学术性、科学性和专业性,从而保证公众对宝石和珠宝的信任。

GIA网址:www.gia.edu。

图10-1 美国宝石学院

二、钻石分级证书

特别提示

钻石分级的报告(证书)不包括估价或者任何涉及钻石金钱价值的陈述,只是按照《钻石分级》(GB/T 16554—2017)陈述它所对应钻石饰品的客观特征。

钻石的鉴别与分级有一套标准化的鉴定标准,因此各种钻石鉴定分级证书均由经过系统认证的珠宝检测机构签发。目前,我国各地珠宝检测站、检测中心出具的证书,虽然从形式到内容方面还存在着一些差异,但总体而言,必须符合以下基本要求:

1. 出具证书的机构和人员

1)出具证书的机构

钻石分级证书的出具是一项技术性极强的工作,出具证书的机构必须具备标准的检测设备和良好的环境,同时还需要得到国家质量检验检疫总局及国家实验室管理部门的认可,获得相关资质,方可进行钻石的鉴定与分级。目前国内具备这些条件的机构有:

(1) 有关高等院校,如中国地质大学、北京大学等;
(2) 国家质量技术监督部门,如国家珠宝玉石质量检测中心、国家首饰质检中心等;
(3) 自然资源部门的有关单位;
(4) 相关从事宝玉石研究的少数科学研究所等。

2)出具证书的人员

钻石鉴定与分级的人员,必须经过专门的培训,并获有关权威资格证书。目前国际上权威的钻石鉴定师资格证书有 GIA 证书、HRD 证书、DGA 证书等。我国已有数百人经过专门培训,获得上述相关证书。

2. 钻石分级证书的基本内容

依据我国《钻石分级》(GB/T 16554—2017)的规定,钻石分级证书(图 10 - 2)必须具备以下内容:

(1) 证书编号。钻石鉴定与分级证书上均应有证书编号,证书编号应与钻饰所附价签上面的编号是一致的,且这个编号是唯一的。

(2) 检验结论。

(3) 质量。证书上,裸钻的质量单位为克拉(ct),精确到小数点后的第 3 位,也可以用克(g)作为单位。对于镶嵌钻石,通常使用其总质量。

(4) 颜色级别。证书上可显示 D 级—＜N12 级中的某一级别。其中,D、E、F 级属于无色范围,G、H、I、J 级属于接近无色范围,K、L、M 级为微淡黄色,N 级以下为淡黄色。

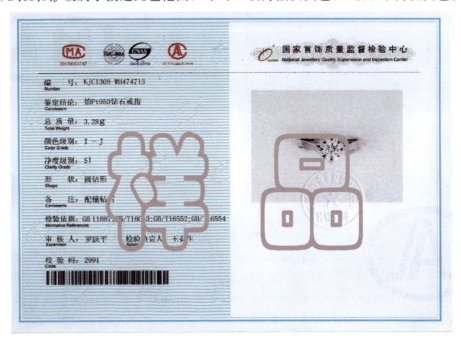

图 10 - 2　镶嵌钻石分级证书

(5)荧光强度级别。按钻石在长波紫外光下的发光强弱,划分为强、中、弱、无4个级别。当待分级钻石的荧光级别为"中"或"强"时,应注明其荧光颜色。

(6)净度级别。可显示FL(无瑕)、VVS(极微瑕)、VS(微瑕)、SI(小瑕)、P(重瑕)五个大级别或11个小级别中的某一级别,并配以净度素描图,对钻石的内部特征和外部特征进行详细记录。

(7)切工。①形状/规格,标准圆钻型规格的表示方式为最大直径×最小直径×全深;②比率级别,包括全深比、台宽比、腰厚比、亭深比、底尖比或其他参数;③修饰度级别,包括对称性级别和抛光级别。

(8)检验依据。钻石分级证书还需标明所依据的国家标准,具体有:《贵金属纯度的规定及命名方法》(GB 11887);《贵金属首饰含量的无损检测方法 X射线荧光光谱法》(GB/T 18043);《珠宝玉石 名称》(GB/T 16552);《钻石分级》(GB/T 16554)等。

(9)签章和日期。

3. 钻石分级证书的可选择内容

颜色坐标、净度坐标、净度素描图、切工比例截图、备注等。

常见认证标志

4. 我国钻石分级证书上的常见认证标志

我国的钻石分级证书上常有"CMA""CAL""CNAL"的认证标志,这些认证标志可以判断证书的权威性、可信性。

1)计量认证标志——"CMA"(图10-3)

根据《中华人民共和国计量法》,为保证检测数据的准确性和公正性,所有向社会出具公证性检测报告的质量检测机构必须获得计量认证资质,否则构成违法。计量认证分为"国家级"和"省级"两级,分别适用于国家级质量监督检测中心和省级质量监督检测中心。在中国境内从事面向社会检测、检验产品的机构,必须由国家或省级计量认证管理部门会同评审机构评审合格,依法设置或依法授权后,才能从事检测、检验活动。

图10-3 计量认证标志——"CMA"

2)国家质量审查认可的检测、检验机构标志——"CAL"(图10-4)

具有此标志的机构有资格作出仲裁检验结论,并主要意味着检验人员、检测仪器、检测依据和方法合格,而具有"CAL"的前提是计量认证合格,即具有"CMA"的标志,然后机构的质量管理等方面也符合要求。由此可以认为,具有"CAL"的机构,比仅具有"CMA"的机构,在工作质量和可靠程度方面更进了一步。

图10-4 国家质量审查认可标志——"CAL"

3)中国实验室国家认可委员会标志——"CNAL"(图10-5)

"CNAL"是中国实验室国家认可委员会的机构标志,当"CNAL"下面注出代号时,则是某实验室被认可的标志。中国实验室认可委员会是中国唯一由政府授权、负责对实验室进行能力认可的机构。获中国实验室国家认可委员会认可后,由中国实验室国家认可委员会授权的签字人签发的报告才可以使用"CNAL"标志。"CNAL"对实验室进行认可的依据是国际实验室认可通行标准《检测和校准机构运行的通用要求》(ISO/IEC 17025)。"实验室认可"目前是国际上通行的做法,也是供方、需方乃至政府、军方、法庭等在选择实验室时对实验室能力和可信度进行判断的最有效途径。

图10-5 中国实验室国家认可标志——"CNAL"

特别提示

以上3个标志中的任何一个都有效,特别是"CMA",是国家法律对检测、检验机构的基本要求。

目前,由于检测、检验机构不断提高自己的技术水平、检测能力和管理手段,很多检测机构同时具备了以上3个标志,也具备了3个标志所要求的能力和水平,其出具的钻石分级证书上也印有以上3个标志,可以看成是"三保险"。

你认识下面证书的认证标志吗?

(2004)国认监认字(215)号

No L0134

(2004)量认(国)字(Z1383)号

钻石分级证书

请画出"CMA""CAL""CNAL"这3个标志。

5. 其他认证标志

1)中国合格评定国家认可委员会认证标志——"CNAS"(图10-6)

中国合格评定国家认可委员会于2006年3月31日正式成立,是在原中国认证机构国家认可委员会(CNAB)和原中国实验室国家认可委员会(CNAL)的基础上整合而成的。它是根据《中华人民共和国认证认可条例》的规定,由国家认证认可监督管理委员会批准设立并授权的国家认可机构,统一负责认证机构、实验室和检查机构等相关机构的认可工作。

2)国际实验室认可合作组织认证标志——"ILAC-MRA"

国际实验室认可合作组织(ILAC)成立于1996年,其宗旨是通过提高对获得认可实验室出具的检测结果和校准结果的接受程度,以便在促进国际贸易方面建立国际合作。其章程是在能够履行这项宗旨的认可机构间建立一个相互承认协议的网络。中国实验室国家认可委员会(CNAL)于2001年1月31日与国际实验室认可合作组织(ILAC)签署了多边相互承认协议"ILAC-MRA"(*ILAC-Mutual Recognition Arrangement*),并于2005年1月获得了使用"ILAC-MRA"国际互认标志的许可,这表明经过"CNAL"认可的检测,实验室出具检测报告,使用"CNAL"的同时也可以使用"ILAC-MRA"(图10-7)。

图10-6 国际实验室认可合作组织认证标志　　图10-7 中国合格评定国家认可委员会认证标志

你知道吗？

哪家钻石珠宝检测机构最可靠？

钻石行业发展至今，已形成一套较为国际化、标准化的鉴定标准，钻石鉴定证书是由第三方宝石检测机构签发的证书，会忠实地记录所鉴定钻石的品质。只要是国家法定机构认定的检测单位（具备3项认证标志之一），其出具的证书均是可靠的，它们会本着"科学、公平、公正"的原则，对每一粒钻石进行认真的鉴定。

6. 我国常见的钻石分级证书

我国珠宝市场的钻石饰品均由国际权威鉴定机构、国家级或省市级宝玉石鉴定与分级机构出具证书，其中国际权威鉴定机构包括美国宝石协会（GIA）和比利时钻石高阶层议会（HRD）；国家级或省（市）级宝玉石鉴定与分级机构至少拥有"CMA""CML""CNAL"3个认证标志中的一个。这些钻石鉴定机构都会本着公开、公正、公平的原则进行钻石饰品的鉴定、分级。目前，我国市场常见的国内外钻石分级证书主要如下。

（1）国际权威钻石证书：①GIA钻石等级证书[美国宝石学院（GIA）]；②HRD钻石等级证书（比利时钻石高层议会）；③AGS钻石等级证书（美国宝玉石学会）；④IGI钻石等级证书（国际宝石学院）；⑤EGL钻石等级证书（欧洲宝石学院）。

（2）国内钻石分级证书：①NGTC钻石分级证书（国家珠宝玉石质量监督检验中心）；②NJQSIC钻石分级证书（国家首饰质量监督检验中心）；③NGDTC钻石分级证书（国家黄金钻石制品质量监督检验中心）；④GIB钻石分级证书（北京地大宝石检验中心）；⑤CGJC钻石分级证书（中国商业联合会珠宝首饰质量监督检测中心）；⑥GJC首饰检测证书（国家轻工业珠宝玉石首饰质量监督检测中心）。

国内主要珠宝鉴定检验机构信息汇总表

7. 钻石分级证书的真伪

钻石分级证书的真伪主要从以下几个方面进行判别：

（1）钻石分级证书必须有单独的编号、钢印及防伪标志，倘若对证书上的内容有所怀疑，可以电话查询珠宝首饰是否由该检测机构出具，也可以上网将证书编号输入该机构的证书查询系统进行查询（图10-8）。

（2）钻石鉴定与分级证书上必须有该检测中心的地址、电话传真等联系方式，如果对该机构有所怀疑，可以致电当地工商部门核实这个鉴定机构是否存在。

（3）钻石分级证书必须有两个以上鉴定师的签名，签名是手签体。

（4）在一些大钻的腰棱处会出现鉴定证书的编码（图10-8），此编码与对应钻石证书的编码相同。

图 10-8 钻石腰围上的防伪标志

(1)当一颗钻石出具证书时,应该包括哪些基本内容?
(2)简述钻石分级证书的作用与要求。
(3)简述钻石分级证书的认证标志和作用。

实习七　钻石分级证书

一、请逐项解释下列各种钻石证书

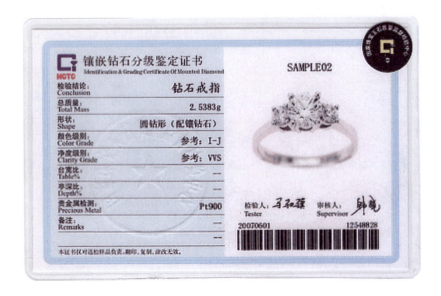

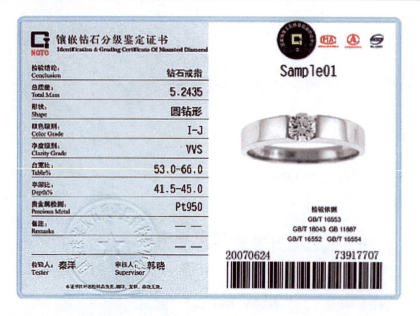

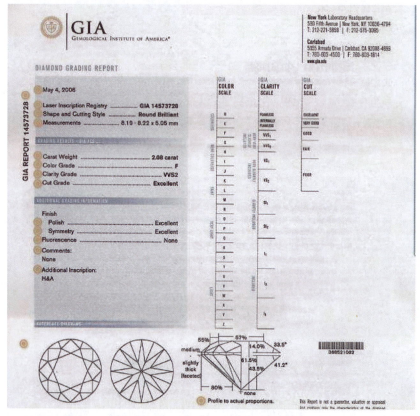

二、请自己设计一份钻石分级证书(包括证书的正、反面)

模块四
钻石贸易

钻石矿开采出来的毛坯根据大小、形状、颜色、净度特征被细分成5000余个品种。早期戴比尔斯中央统售机构(DTC)垄断了90%的钻石毛坯,使得每年的产量不一定是全部的产量,供应量也不一定就是产量,现阶段各大矿业公司也延续此种模式,进而获得钻石价格的稳定增长,谋求其利益最大化。

模块四 钻石贸易

单元十一　钻石的流通

学习目标

知识目标：了解钻石的世界流通渠道和流程。
能力目标：能够描述钻石交易所的交易流程。

一、世界钻石流通渠道

世界上钻石的主要流通渠道被戴比尔斯公司所垄断。该公司于1888年创立，是全球最大的钻石开采和销售企业。它在不断并购新的钻石矿的同时，还购买任何开放市场上可以买得到的钻石毛坯，即被开采出来尚未经过打磨的钻石。

1930年，戴比尔斯公司在伦敦成立了下属钻石毛坯销售机构——中央销售组织[CSO，现改称为国际钻石贸易公司（DTC）]，在1934—1996年期间，其钻石原石控制量最高可达95%以上，但从1996年和1997年澳大利亚和俄罗斯相继与其脱离签约关系，DTC的控制量下降，到2000年已下降到60%左右。DTC致力于钻石开发事业，在促进钻石业发展、稳定钻石价格方面起了很好的作用（图11-1）。

从全球各地收购来的钻石原石全部送到伦敦的国际钻石贸易公司，该机构内专门从事钻石原石分类的专业人员就有600名。工业级钻石将首先被分选出来，而宝石级钻石则依其形状、大小、品质及成色分为5000多类。国际钻石贸易公司只将钻石原石售给特约看货商会员，而且每年只举行10次钻石原石的鉴赏销售会。DTC客户大多数来自全球四大钻石切磨中心：安特卫普、特拉维夫、纽约、孟买。特约看货商购置的钻石毛坯，一部分会与同业进行交流或者直接卖给二级毛坯经销商（也就是未能取得看货商资格的切割商）；另外一部分会按照预定要求加工成用于镶嵌的成品钻石。成品钻石将被送到分布在全球各地的29家钻石交易所，整手定向销售给同业或者裸钻分销商。包括我国的上海钻石交易所。DTC掌握着全球98%的合法钻石交易。

DTC的另一项重要的功能就是广告宣传，它在全球各地成立钻石推广中心，每年投入1.5亿元美金，利用广告媒体招徕消费者，或以珠宝设计比赛等活动协助各地珠宝商促销钻石。这些活动使得世界各地钻石销售量每年不断地增长，"钻石恒久远，一颗永流传"的口号深植人心。

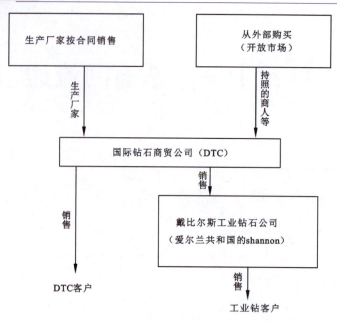

图 11-1 戴比尔斯钻石的主要流通框架图

成品钻石比钻石毛坯便宜？

由于钻石成品的实际分级结果和毛坯的经验判断之间存在的误差以及分销商资金流动的问题，可能会出现二级分销商的销售价格低于看货商的情况，甚至"面包比面粉便宜"，也就是裸钻与毛坯发生价格倒挂的现象。

认真对照下面流程图，口述钻石原石的流程。

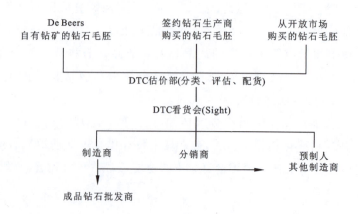

二、我国上海钻石交易所的交易流程

上海钻石交易所是世界上最年轻的钻石交易所。从开始筹备至今,约13年。1997年8月19日,上海市向国务院致信《关于上海钻石交易中心项目进展情况的汇报》,受到国务院领导的充分重视。1998年7月,上海市向国务院请示批准建立上海钻石交易所及其筹备方案,2000年2月,国务院正式批准上海组建国家级的钻石交易中心。

2000年10月27日,上海钻石交易所成立大会在上海浦东金茂大厦隆重举行。上海钻石交易所设立于上海浦东新区金茂大厦,按照国际钻石交易通行的规则运作,有力地促进我国钻石业及钻石市场的发展。目前,我国的钻石消费现已超越了日本,成为仅次于美国的全球第二大钻石消费国,在全球钻石产业中占据重要地位。2007年4月,单月钻石进出口额达9 272.91万美元,创历史新高。

上海钻石交易所具体交易流程如图11-2所示。

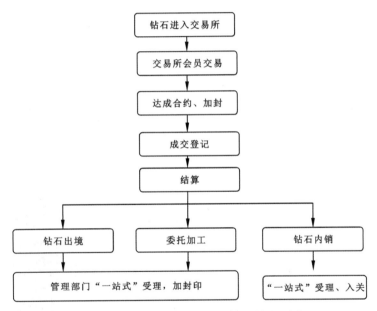

图11-2 上海钻石交易所具体交易流程图

同时,为履行中国的国际义务、执行国际证书制度的各项规定,我国从2003年1月1日起,将"金伯利进程毛坯钻石国际证书制度"所规定的毛坯钻石列入《实施检验检疫的进出境商品目录》实施法定检验。上海出入境检验检疫局是上海口岸唯一承担"金伯利进程"毛坯钻石检验鉴定和验证工作的政府机构,制定了《上海"金伯利进程国际证书制度"实施办法》,在上海钻石交易所设立报检签证窗口,开展进口毛坯、半成品钻的价值、数量、质量、级别等的检验鉴定工作。

钻石鉴定及分级 ZUANSHI JIANDING JI FENJI

你知道吗？

"金伯利进程毛坯钻石国际证书制度"

为了遏止不法行为，南非共和国、纳米比亚等非洲国家于2000年5月发起"金伯利进程"，讨论建立毛坯钻石国际证书制度，同年12月1日，联合国大会通过"55/56号决议"，支持启动"金伯利进程"，包括我国在内的世界主要钻石生产、加工和贸易国均参加了该"进程"。2002年11月，在瑞士举行的第二次部长级会议上，各方通过了"金伯利进程毛坯钻石国际证书制度"，并决定于2003年1月1日起正式实施。该制度规定：出口国必须为出口的毛坯和半成品钻石签发官方证明，进口国政府在验明出口国官方证书无误后方可准予进口。

 知识链接

上海钻石交易所

上海钻石交易所是经国务院批准设立于上海浦东新区的国家级要素市场，按照国际钻石交易通行的规则运行，为国内外钻石商提供一个"公平、公正、安全"并实行封闭式管理的钻石交易场所。上海钻石交易所设立会员大会。会员大会由全体会员组成，是上海钻石交易所的权利机构，实行自律管理。会员大会设理事会，理事会是会员大会的常设机构，理事会对会员大会负责，理事会所有理事由会员大会选举产生。理事长由中国籍人士担任。理事会下设纪律委员会、仲裁委员会等专业委员会。

上海钻石交易所最开始设在中华第一高楼金茂大厦内，共有两层，建筑面积5422m²。交易所内有设备齐全的交易大厅，海关、外管、工商、出入境检验检疫等政府机构"一站式"受理业务大厅和多家银行、保险、押运、钻石鉴定等配套服务机构。会员规模从最初的40家发展到目前的211家。交易规模在2002年至2007年的6年间有了较大的发展，交易量上升到1.99×10^8 ct；交易金额从1.57亿美金上升到10.7亿美金。

自2009年10月上海钻石交易所由金茂大厦整体搬迁至新址中国钻石交易中心大厦（图11-3）运营，地址为上海市浦东新区世纪大道1701号北塔14楼。

图11-3 中国钻石交易中心大厦

钻石贸易 模块四

(1)简述钻石原石的流程。

(2)简述上海钻石交易所的具体交易流程。

单元十二　钻石的价格

> **学习目标**
>
> 　　知识目标：掌握钻石的价格体系和价格影响因素。
> 　　能力目标：能够应用《钻石行情报价表》计算裸钻价格，并能够从网上查询钻石价格报价信息。

任务一　钻石的价格体系

钻石价格涵盖钻石原料（毛坯）的价格和成品钻石的价格，二者分别受不同因素的制约，主要包括稀少性、找矿的成本、采矿的成本、钻石切磨加工费用及消费者对钻石的需求度等。

一、钻石原料（毛坯）的价格

钻石毛坯的价格大体由戴比尔斯公司来确定，戴比尔斯公司的国际钻石贸易公司（DTC）购买其他钻石生产国所开采的钻石，DTC 根据其"价格手册"〔列有了 14 000 种钻石毛坯的参考价格，其参考价格是根据该种钻石毛坯的生产费用、开采成本（主要包括钻石的找矿和勘探费用）〕中的参考价格购买钻石生产商的钻石毛坯。同时，为了保证钻石价格的公正与透明，DTC 向其特约看货商销售钻石毛坯也是以这本"价格手册"为准，确定钻石毛坯的价格。因此，从某种意义上来说，这本"价格手册"反映了钻石毛坯的价值。

钻石是自然界中稀少的天然资源，主要出产于金伯利岩和钾镁煌斑岩中，这两种岩石通常呈筒状、脉状产出，每个岩筒在地表的平均出露面积仅 $0.05 km^2$，地质学家们为了寻找含钻岩筒，历经千辛万苦，采用各种有效的技术、手段，来勘探含钻岩筒的位置、规模、形状，并测定钻石的含量，论证建立开采矿山的可能性。因此，钻石毛坯的开采成本非常高昂，同时，钻石毛坯的价格除反映钻石的开采成本外，还反映了这一级别、品种钻石的产出率：产出率越低，钻石的价格越高。

总之，钻石毛坯颜色越白的越稀少，净度级别越高的越稀少，颗粒越大的越稀少，形状越规则（如八面体、立方体）的越稀少。钻石越稀少，价格自然就越高。

二、成品钻石的价格

DTC向其特约看货商展示钻石毛坯,供看货商挑选,钻石毛坯被看货商选中后,将离开DTC,被加工成成品进入下一阶段的销售环节。成品钻石的价格主要受钻石毛坯价格、钻石切磨加工成本、市场供求关系3个方面的影响。

切磨加工成本方面。目前,虽然钻石切割设备有了相当大的改进,但钻石切割仍是一项以手工操作为主的传统工艺,需要娴熟的技术、丰富的经验及全神贯注的投入,才有可能实现对钻石的完美切割。钻石的切磨加工主要集中于重要的传统切割中心,包括美国纽约、比利时安特卫普、以色列特拉维夫及印度孟买等。

克拉数越大、质量级别越高、结构越复杂的钻石毛坯,切割的风险越大、成本越高。总的来说,钻石的克拉数大小、质量级别高低与切割中心的劳动力成本有密切的关系。例如:由于劳动力成本高于其他切割中心,纽约切割中心主要切割克拉数大的、质量等级高的钻石;印度的劳动力成本较低,其切割中心主要切割克拉数小的、质量等级较低的钻石。即便在同一切割中心,切割一颗重1ct、净度为VVS级的钻石,要比切割同样大小的、净度为P级的钻石付出更高的劳动力成本。

市场供求关系方面。钻石不是生活必需品,其市场需求情况会随政治、经济、文化等因素的影响而发生变化。为了避免钻石投机商介入钻石贸易,保证钻石市场的长期稳定与发展,戴比尔斯公司密切关注市场的变化,通过向分布在不同国家的客户供应适当数量、品种、品级的钻石毛坯,充分发挥DTC的"缓冲库存"作用,保证了世界钻石市场的供求平衡,有效地维持了钻石价格的稳定,保证了钻石从生产商到最终消费者的各个环节的利益,确保了世界钻石业的开采、加工、销售各个环节的稳定发展。同时,戴比尔斯公司依据各国消费者不同的文化背景、审美观念及消费习惯,在全世界34个国家,使用了20多种语言推广钻石,激发了公众对钻石的需求。

通过上述分析,可以看出,成品钻石的价格均要受到上述3个方面的影响。1978年以后,其具体参考价格可以依据《钻石行情报价表》(Rapaport Diamond Report)。它为钻石交易的买卖双方提供了有效保障。

任务二 《钻石行情报价表》的使用

一、《钻石行情报价表》的形成

1978年以前,市场上并没有通行的、公开的钻石成品(裸钻)参考定价,钻石生产商与批发商往往需要根据自己的成本及市场需求现状进行判断,将钻石以自认公允的价格卖给零售商，而零售商缺乏行情的比较基准，因此钻石买卖的过程中存在着很多困扰。

1978 年，Martin Rapaport 先生将纽约市场上所收集来的钻石平均交易价格，按照成色、净度和克拉数整理列表，制定出了一份较为标准化的报价。从此，钻石买卖双方有了共同的价格依循基准，钻石分级也因影响价格的差异而开始受到大家的重视。

你知道吗？

国际通用的《钻石行情报价表》(*Rapaport Diamond Report*)

《钻石行情报价表》(*Rapaport Diamond Report*)为付费订阅，每周五出刊，为防止复印和传真，报表用红纸印制，里面有钻石市场的最新信息与分析，收录质量为 0.01～5.99ct、颜色为 D～M、净度为 IF～I3(GIA 标准)的钻石报价。如果钻石价格上涨，就用粗体标注；如果钻石价格下跌，则用粗斜体标注。

在钻石产业中，《钻石行情报价表》制约着全球主要切割中心和钻石批发市场在国际上的钻石售价，并且《钻石行情报价表》是一份在钻石业界中具有钻石价格参考价值与产业市场信息价值的重要指南，为钻石珠宝商、钻石批发商与钻石切割厂提供了相关信息，使得钻石买卖交易有了一个公开市场行情的参考价格，让买卖双方的交易更具效能、更有保障。

《钻石行情报价表》的钻石等级依循标准是 GIA 钻石分级标准，于每周五公布最新的钻石(裸钻)价格，对全球钻石产业新闻和重要事件也都有报道。《钻石行情报价表》表格的左边由上往下是钻石颜色等级；上边由左至右是钻石净度等级。图 12－1 为《钻石行情报价表》图样。

RAPAPORT DIAMOND REPORT

Tel: 877-987-3400 ◆ www.RAPAPORT.com ◆ Info@RAPAPORT.com

June 1, 2018 : Volume 41 No. 21: APPROXIMATE HIGH CASH ASKING PRICE INDICATIONS : Page 1
Round Brilliant Cut Natural Diamonds, GIA Grading Standards per "Rapaport Specification A3" in hundreds of US$ per carat.

News: Las Vegas shows open with optimistic outlook for US market. Dealer trading and prices stable. Savvy suppliers see the show as networking and branding opportunity. De Beers launches low-priced synthetic jewelry collection aiming to differentiate lab-grown from natural diamonds. Signet joins De Beers Tracr blockchain, while GIA and Chow Tai Fook partner on different blockchain initiative. Christie's HK sells $72M (64% by lot), with pear, 8.01 ct. fancy vivid blue diamond necklace fetching $20.4M ($2.5M/ct.). New Sierra Leone Minister of Mines Dr. Morie Manyeh to address Rapaport Breakfast at JCK Vegas on Sunday from 8 a.m. Martin Rapaport publishes "Trump Trade Policy" article.

RAPAPORT : (.01 - .03 CT.) : 06/01/18 ROUNDS

	IF-VVS	VS	SI1	SI2	SI3	I1	I2	I3
D-F	7.7	7.1	5.8	4.9	3.9	3.7	3.2	2.7
G-H	6.8	6.3	5.1	4.5	3.7	3.4	3.1	2.5
I-J	5.8	5.4	4.7	4.2	3.4	3.2	2.9	2.3
K-L	4.1	3.7	3.5	3.0	2.7	2.3	1.8	1.4
M-N	3.0	2.5	2.1	1.8	1.6	1.4	1.2	0.9

RAPAPORT : (.04 - .07 CT.) : 06/01/18

IF-VVS	VS	SI1	SI2	SI3	I1	I2	I3	
8.4	7.9	6.4	5.4	4.3	4.1	3.7	2.9	D-F
7.5	6.8	5.7	4.9	4.1	3.9	3.4	2.7	G-H
6.3	5.9	5.3	4.6	4.0	3.8	3.1	2.5	I-J
4.4	4.0	3.7	3.2	3.0	2.5	2.0	1.5	K-L
3.2	2.7	2.2	2.0	1.7	1.5	1.3	1.0	M-N

RAPAPORT : (.08 - .14 CT.) : 06/01/18 ROUNDS

	IF-VVS	VS	SI1	SI2	SI3	I1	I2	I3
D-F	9.3	8.8	7.6	6.3	5.9	5.1	4.1	3.5
G-H	8.4	7.9	6.8	5.8	5.5	4.5	3.8	3.2
I-J	7.2	6.8	6.1	5.4	5.1	4.3	3.5	3.0
K-L	5.8	5.5	4.7	4.1	3.4	3.0	2.6	2.0
M-N	4.0	3.7	3.2	2.8	2.6	2.0	1.7	1.3

RAPAPORT : (.15 - .17 CT.) : 06/01/18

IF-VVS	VS	SI1	SI2	SI3	I1	I2	I3	
11.7	11.0	8.6	7.5	6.8	5.6	4.4	3.8	D-F
10.2	9.5	7.6	6.7	5.9	4.9	3.9	3.4	G-H
8.8	8.3	6.7	6.0	5.3	4.6	3.8	3.2	I-J
7.1	6.7	5.1	4.7	3.9	3.3	2.7	2.3	K-L
4.6	4.0	3.6	3.2	2.8	2.3	1.8	1.5	M-N

图 12－1 《钻石行情报价表》图样

二、《钻石行情报价表》的使用方法

使用 Rapaport Diamond Report 可以较为快捷地计算出实际钻石(裸钻)的市场报价,使用方便,以表 12-1 为计算范例裸钻报价的步骤分解,主要分为以下 7 个步骤。

《钻石行情报价表》的使用方法

表 12-1 范例裸钻的参数

范例裸钻	
琢型(shape)	标准圆钻型(round brilliant)
克拉质量(carat)级别	1.30ct
颜色(color)级别	G
净度(clarity)级别	VVS_1
购买时间	2018 年 6 月 6 日

(1)必须依据最接近购买时间的、已出刊的《钻石行情报价表》。

范例裸钻的购买日期为 2018 年 6 月 6 日,可以借鉴 2018 年 6 月 1 日出刊的《钻石行情报价表》(图 12-2)。

图 12-2 2018 年 6 月 1 日出刊的《钻石行情报价表》

(2)在《钻石行情报价表》中查询适用对应范例裸钻的琢型(Shape)。

范例裸钻给定的琢型为标准圆钻型(round brilliant),因此,需要以"Rounds"标准圆钻型区间的表格为查询依据(图12-3)。

图12-3 在《钻石行情报价表》中查询适用对应范例裸钻的琢型

(3)查询出范例裸钻所在的质量(克拉质量,carat)区间表格。范例裸钻的克拉质量(carat)为1.30ct,对应的质量区间为1.00~1.49ct,即需要借鉴如图12-4所示的克拉质量区间。

图12-4 在《钻石行情报价表》中查询适用对应范例裸钻的克拉质量区间

(4)在上述质量区间表格的左侧,自上而下查询范例裸钻的颜色(color)区间表格。范例裸钻颜色(color)范围落在"G"(图12-5)。

(5)在上述质量区间表格的上方,自左向右查询该范例裸钻净度(clarity)的所在位置。该范例裸钻净度(clarity)范围落在"VVS_1"上(图12-6)。

1.25 to 1.49 Ct. may trade at 5% to 10% premiums over 4/4 prices.											
ROUNDS		RAPAPORT : (1.00 - 1.49 CT.) : 06/01/18									
I3		IF	VVS1	VVS2	VS1	VS2	SI1	SI2	SI3	I1	I2	I3
15	D	202	159	141	122	108	85	69	58	47	27	17
14	E	152	140	117	108	96	81	66	56	45	26	16
14	F	130	120	107	100	88	78	63	54	44	25	15
13	G	107	102	95	88	81	73	59	52	42	24	14
13	H	90	85	81	78	74	67	56	49	40	23	14
12	I	76	72	69	67	65	61	52	46	36	22	13
11	J	62	60	59	58	56	52	47	41	32	20	13
10	K	52	50	48	46	44	42	38	35	30	18	12
9	L	47	45	44	42	40	37	34	32	28	17	11
8	M	42	40	38	37	35	33	29	27	25	16	11
W: 110.84 = 0.00%					☆☆☆				T: 57.82 = 0.00%			
2.50+ may trade at 5% to 10% premium over 2 ct.												

图 12-5 在《钻石行情报价表》中查询适用对应范例裸钻的色级

1.25 to 1.49 Ct. may trade at 5% to 10% premiums over 4/4 prices.											
ROUNDS		RAPAPORT : (1.00 - 1.49 CT.) : 06/01/18									
I3		IF	VVS1	VVS2	VS1	VS2	SI1	SI2	SI3	I1	I2	I3
15	D	202	159	141	122	108	85	69	58	47	27	17
14	E	152	140	117	108	96	81	66	56	45	26	16
14	F	130	120	107	100	88	78	63	54	44	25	15
13	G	107	102	95	88	81	73	59	52	42	24	14
13	H	90	85	81	78	74	67	56	49	40	23	14
12	I	76	72	69	67	65	61	52	46	36	22	13
11	J	62	60	59	58	56	52	47	41	32	20	13
10	K	52	50	48	46	44	42	38	35	30	18	12
9	L	47	45	44	42	40	37	34	32	28	17	11
8	M	42	40	38	37	35	33	29	27	25	16	11
W: 110.84 = 0.00%					☆☆☆				T: 57.82 = 0.00%			
2.50+ may trade at 5% to 10% premium over 2 ct.												

图 12-6 在《钻石行情报价表》中查询适用对应范例裸钻的净度范围

（6）分别以范例裸钻的颜色级别、净度级别为横坐标和纵坐标，找到两者交叉点的所在位置，是该范例裸钻的 1.00ct 单位价格，单位以百元美金计价。

范例的查询结果为 102（图 12-7）。因此，该范例裸钻的克拉单价为 $102 \times 100 = 10\ 200$ 美元/ct。

（7）结合当日的美元兑人民币汇率，依据定价公式计算出钻石的实际参考报价。该范例裸钻的实际参考报价为：

$10\ 200$（克拉单价，美元/ct）$\times 1.30$（裸钻质量，ct）$\times 6.77$（当日汇率）$= 89\ 770.2$ 元

图 12-7 在《钻石行情报价表》中查出对应范例裸钻的单价

你知道吗？

裸钻定价方法

根据《钻石行情报价表》（*Rapaport Diamond Report*）裸钻的定价公式为：

裸钻定价＝报价（查询得出）×100（美元）×克拉数（质量）×当日美元兑人民币汇率

三、其他因素影响

有时，钻石的实际购买价格会比这个算出来的价格要低，特别是当裸钻质量小于 1ct 时。这是由于不同品质的钻石有不同的折扣，品质高的钻石不仅没有折扣，反而价格会比相应报价要高。

不同的钻石琢型，需要使用不同的报价表，公主方型、水滴型、橄榄型、祖母绿型等琢型

的钻石比同样质量的标准圆钻型钻石的价格要低。

另外,《钻石行情报价表》没有涵盖切工、荧光反应及企业品牌等影响价格的因素。切工是购买钻石时容易忽略的项目,却是影响钻石亮度、火彩的关键要素,需要从比率和修饰度两个方面加以评价。

四、注意事项

(1)钻石切工等级没有反映在《钻石行情报价表》上,其默认的是以中等切工等级为基准。极优切工的钻石价格比相应报价要高很多;反之,切工极差的钻石价格比相应报价要低很多。

(2)钻石的琢型不同,其报价也会有差异,《钻石行情报价表》都会标明报价适用的钻石。关于切工等级或质量的影响,可留意表格间的附注事项。

(3)在"ROUNDS"[标准圆钻型(round brilliant)]."0.30~5.99ct"的范围,每一个区域的底部会有如下范例——"W:110.84=0.00%——T:57.82=0.00%",W代表该区域白钻的平均报价为11 084美元,T代表总平均报价为5782美元。

如果钻石涨价会用百分比显示,如"W:226.92=0.89%——T:102.56=1.00%",表明该区域白钻平均报价为22 692美元,涨幅为0.89%;总平均报价为10 256美元,涨幅为1.00%,并且有涨价的部分会以加粗字体表示。

(4)《钻石行情报价表》其实提供的也是个参考性的价格,例如商场里的知名品牌产品,其品牌、设计、店面租金等均是一笔不菲的费用,所以不能单纯通过这个报价来进行横向比较。

(1)成品钻石的价格主要受哪些因素影响?
(2)简述裸钻的市场价格计算方法。
(3)给一粒50pt、克拉单价为52百元美金、汇率为6.7的标准圆钻型裸钻定价。
(4)按照实际裸钻4C参数,借助互联网,计算当前钻石(克拉质量为1ct,琢型为标准圆钻型、3EX,颜色为G,净度为VVS_1)的市场报价。

主要参考文献

包德清,2013.珠宝市场营销学[M].2版.武汉:中国地质大学出版社.
廖任庆,郭杰,刘志强,2017.钻石分级与检验实用教程[M].上海:人民美术出版社.
丘志力,李立平,陈炳辉,等,2003.珠宝首饰系统评估导论[M].高等学校宝石及材料工艺学系列教材.武汉:中国地质大学出版社.
王卉,刘殿正,2013.宝玉石鉴定[M].武汉:中国地质大学出版社.
吴瑞华,白峰,卢琪,2005.钻石学教程[M].北京:地质出版社.
袁心强,1998.钻石分级的原理和方法[M].武汉:中国地质大学出版社.
余晓艳,孙海娜,王卉,2009.甘肃变质岩型红宝石的宝石学特征及呈色机理[C]//2009中国珠宝首饰学术交流会论文集.北京:国家珠宝玉石质量监督检验中心:45-48.
张蓓莉,2006.系统宝石学[M].2版.北京:地质出版社.
张晓晖,2011.钻石分级与营销[M].武汉:中国地质大学出版社.
张晓晖,2017.俄国斯加里宁格勒地区琥珀开采历史简析[J].中国宝石(2):150-155.
张义耀,张晓晖,2012.宝玉石鉴赏[M].2版.武汉:中国地质大学出版社.
全国珠宝玉石标准化技术委员会,2018.GB/T 16554—2017 钻石分级[S].北京:中国标准出版社.

附录一 常见钻石内、外部特征类型[1]

常见钻石内部特征类型符号详见附表1-1；常见钻石外部特征类型符号详见附表1-2。

附表1-1 常见钻石内部特征类型符号表

编号	名称	英文名称	符号	说明
01	点状包裹体	pinpoint	•	钻石内部极小的天然包裹物
02	云状物	cloud		钻石中朦胧状、乳状、无清晰边界的天然包裹物
03	浅色包裹体	crystal inclusion		钻石内部的浅色或无色天然包裹物
04	深色包裹体	dark inclusion		钻石内部的深色或黑色天然包裹物
05	针状物	needle		钻石内部的针状包裹物
06	内部纹理	internal graning		钻石内部的天然生长痕迹
07	内凹原始晶面	extended natural		凹入钻石内部的天然结晶面
08	羽状纹	feather		钻石内部或延伸至内部的裂隙，形似羽毛状
09	须状腰	beard		腰上细小裂纹深入内部的部分
10	破口	chip		腰和底尖受到撞伤形成的浅开口
11	空洞	cavity		羽状纹裂开或矿物包裹体在抛磨过程中掉落，在钻石表面形成的开口
12	凹蚀管	etch channel		高温岩浆侵蚀钻石薄弱区域，留下的由表面向内延伸的管状痕迹，开口常呈四边形或三角形
13	晶结	knot		抛光后触及钻石表面的矿物包裹体
14	双晶网	twinning wisp		聚集在钻石双晶面上的大量包裹体，呈丝状、放射状分布
15	激光痕	laser mark		用激光束和化学品去除钻石内部深色包裹物时留下的痕迹。管状或漏斗状痕迹称为激光孔。可被高折射率玻璃充填

---

[1] 附录一～附录四的内容均引自《钻石分级》(GB/T 16554—2017)。

附表 1－2　常见钻石外部特征类型符号表

编号	名称	英文名称	标记符号	说明
01	原始晶面	natural		为保持最大质量而在钻石腰部或近腰部保留的天然结晶面
02	表面纹理	surface graining		钻石表面的天然生长痕迹
03	抛光纹	polish lines		抛光不当造成的细密线状痕迹，在同一刻面内相互平行
04	刮痕	scratch		表面很细的划伤痕迹
05	额外刻面	extra facet		规定之外的所有多余刻面
06	缺口	nick		腰或底尖上细小的撞伤
07	击痕	pit		表面受到外力撞击留下的痕迹
08	棱线磨痕	abrasion		棱线上细小的损伤，呈磨毛状
09	烧痕	burn mark		抛光或镶嵌不当所致的糊状疤痕
10	黏杆烧痕	dop burn		钻石与机械黏杆相接触的部位，因高温灼伤造成"白雾"状的疤痕
11	"蜥蜴皮"效应	lizard skin		已抛光钻石表面上呈现透明的凹陷波浪纹理，其方向接近解理面的方向
12	人工印记	inscription		在钻石表面人工刻印留下的痕迹。在备注中注明印记的位置

附录二 镶嵌钻石分级规则

一、镶嵌钻石的颜色等级

(1)镶嵌钻石颜色采用比色法分级,分为7个等级,与未镶嵌钻石颜色级别的对应关系详见附表2-1。

附表2-1 镶嵌钻石颜色等级对照表

镶嵌钻石颜色等级	D—E		F—G		H	I—J		K—L		M—N		<N
对应的未镶嵌钻石颜色级别	D	E	F	G	H	I	J	K	L	M	N	<N

(2)镶嵌钻石颜色分级应考虑金属托对钻石颜色的影响,注意加以修正。

二、镶嵌钻石的净度等级

在10倍放大镜下,镶嵌钻石净度分为:LC、VVS、VS、SI、P五个等级。

三、镶嵌钻石的切工测量与描述

(1)对满足切工测量的镶嵌钻石,采用10倍放大镜目测法,测量台宽比、亭深比等比率要素。

(2)对满足切工测量的镶嵌钻石,采用10倍放大镜目测法,对影响修饰度(包括对称性和抛光)的要素加以描述。

附录三　比率分级表

一、台宽比＝44%～49%

项目	差	一般	差
冠角(α)(°)	<20.0	20.0～41.4	>41.4
亭角(β)(°)	<37.4	37.4～44.0	>44.0
冠高比(%)	<7.0	7.0～21.0	>21.0
亭深比(%)	<38.0	38.0～48.0	>48.0
腰厚比(%)	—	≤10.5	>10.5
腰厚	—	极薄—极厚	极厚
底尖比(%)	—	—	—
全深比(%)	<50.9	50.9～70.9	>70.9
α+β(°)	—	—	—
星刻面长度比(%)	—	—	—
下腰面长度比(%)	—	—	—

二、台宽比＝50%

项目	差	一般	好	很好	好	一般	差
冠角(α)(°)	<20.0	20.0～21.6	21.8～26.0	26.2～36.2	36.4～37.8	38.0～41.4	>41.4
亭角(β)(°)	<37.4	37.4～38.4	38.6～39.6	39.8～42.4	42.6～43.0	43.2～44.0	>44.0
冠高比(%)	<7.0	7.0～8.5	9.0～10.0	10.5～18.0	18.5～19.5	20.0～21.0	>21.0
亭深比(%)	<38.0	38.0～39.5	40.0～41.0	41.5～45.0	45.5～46.5	47.0～48.0	>48.0
腰厚比(%)	—	—	<2.0	2.0～5.5	6.0～7.5	8.0～10.5	>10.5
腰厚	—	—	极薄	很薄—厚	很厚	极厚	极厚
底尖比(%)	—	—	—	<2.0	2.0～4.0	>4.0	—
全深比(%)	<50.9	50.9～59.0	59.1～61.0	61.1～64.5	64.6～66.9	67.0～70.9	>70.9
α+β(°)	—	<65.0	65.0～68.6	68.8～79.4	79.6～80.0	>80.0	—
星刻面长度比(%)	—	—	<40	40～70	>70	—	—
下腰面长度比(%)	—	—	<65	65～90	>90	—	—

比率分级表 附录三

三、台宽比＝51%

项目	差	一般	好	很好	好	一般	差
冠角(α)(°)	<20.0	20.0～21.6	21.8～26.0	26.2～36.6	36.8～38.0	38.2～41.4	>41.4
亭角(β)(°)	<37.4	37.4～38.4	38.6～39.6	39.8～42.4	42.6～43.0	43.2～44.0	>44.0
冠高比(%)	<7.0	7.0～8.5	9.0～10.0	10.5～18.0	18.5～19.5	20.0～21.0	>21.0
亭深比(%)	<38.0	38.0～39.5	40.0～41.0	41.5～45.0	45.5～46.5	47.0～48.0	>48.0
腰厚比(%)	—	—	<2.0	2.0～5.5	6.0～7.5	8.0～10.5	>10.5
腰厚	—	—	极薄	很薄—厚	很厚	极厚	极厚
底尖比(%)	—	—	—	<2.0	2.0～4.0	>4.0	—
全深比(%)	<50.9	50.9～58.8	58.9～61.0	61.1～64.5	64.6～66.9	67.0～70.9	>70.9
α+β(°)	—	<65.0	65.0～68.6	68.8～79.4	79.6～80.0	>80.0	—
星刻面长度比(%)	—	—	<40	40～70	>70	—	—
下腰面长度比(%)	—	—	<65	65～90	>90	—	—

四、台宽比＝52%

项目	差	一般	好	很好	极好	很好	好	一般	差
冠角(α)(°)	<20.0	20.0～21.6	21.8～26.0	26.2～31.0	31.2～36.0	36.2～37.2	37.4～38.6	38.8～41.4	>41.4
亭角(β)(°)	<37.4	37.4～38.4	38.6～39.6	39.8～40.4	40.6～41.8	42.0～42.4	42.6～43.0	43.2～44.0	>44.0
冠高比(%)	<7.0	7.0～8.5	9.0～10.0	10.5～11.5	12.0～17.0	17.5～18.0	18.5～19.5	20.0～21.0	>21.0
亭深比(%)	<38.0	38.0～39.5	40.0～41.0	41.5～42.0	42.5～44.4	45.0	45.5～46.5	47.0～48.0	>48.0
腰厚比(%)	—	—	<2.0	2.0	2.5～4.5	5.0～5.5	6.0～7.5	8.0～10.5	>10.5
腰厚	—	—	极薄	很薄	薄—稍厚	厚	很厚	极厚	极厚
底尖比(%)	—	—	—	—	<1.0	1.0～1.9	2.0～4.0	>4.0	—
全深比(%)	<50.9	50.9～58.6	58.7～60.7	60.8～61.5	61.6～63.2	63.3～64.5	64.6～66.9	67.0～70.9	>70.9
α+β(°)	—	<65.0	65.0～68.6	68.8～72.8	73.0～77.0	77.2～79.4	79.6～80.0	>80.0	—
星刻面长度比(%)	—	—	<40	40	45～65	70	>70	—	—
下腰面长度比(%)	—	—	<65	65	70～85	90	>90	—	—

五、台宽比＝53％

项目	差	一般	好	很好	极好	很好	好	一般	差
冠角(α)(°)	<20.0	20.0～21.6	21.8～26.0	26.2～31.0	31.2～36.0	36.2～37.6	37.8～39.0	39.2～41.4	>41.4
亭角(β)(°)	<37.4	37.4～38.4	38.6～39.6	39.8～40.4	40.6～41.8	42.0～42.4	42.6～43.0	43.2～44.0	>44.0
冠高比(％)	<7.0	7.0～8.5	9.0～10.0	10.5～11.5	12.0～17.0	17.5～18.0	18.5～19.5	20.0～21.0	>21.0
亭深比(％)	<38.0	38.0～39.5	40.0～41.0	41.5～42.0	42.5～44.5	45.0	45.5～46.5	47.0～48.0	>48.0
腰厚比(％)	—	—	<2.0	2.0	2.5～4.5	5.0～5.5	6.0～7.5	8.0～10.5	>10.5
腰厚	—	—	极薄	很薄	薄—稍厚	厚	很厚	极厚	极厚
底尖比(％)	—	—	—	—	<1.0	1.0～1.9	2.0～4.0	>4.0	—
全深比(％)	<50.9	50.9～58.0	58.1～60.3	60.4～61.3	61.4～63.2	63.3～64.5	64.6～66.9	67.0～70.9	>70.9
$\alpha+\beta$(°)	—	<65.0	65.0～68.6	68.8～72.8	73.0～77.0	77.2～79.4	79.6～80.0	>80.0	—
星刻面长度比(％)	—	—	<40	40	45～65	70	>70	—	—
下腰面长度比(％)	—	—	<65	65	70～85	90	>90	—	—

六、台宽比＝54％

项目	差	一般	好	很好	极好	很好	好	一般	差
冠角(α)(°)	<20.0	20.0～21.6	21.8～26.0	26.2～31.0	31.2～36.0	36.2～38.2	38.4～39.6	39.8～41.4	>41.4
亭角(β)(°)	<37.4	37.4～38.4	38.6～39.6	39.8～40.4	40.6～41.8	42.0～42.4	42.6～43.0	43.2～44.0	>44.0
冠高比(％)	<7.0	7.0～8.5	9.0～10.0	10.5～11.5	12.0～17.0	17.5～18.0	18.5～19.5	20.0～21.0	>21.0
亭深比(％)	<38.0	38.0～39.5	40.0～41.0	41.5～42.0	42.5～44.5	45.0	45.5～46.5	47.0～48.0	>48.0
腰厚比(％)	—	—	<2.0	2.0	2.5～4.5	5.0～5.5	6.0～7.5	8.0～10.5	>10.5
腰厚	—	—	极薄	很薄	薄—稍厚	厚	很厚	极厚	极厚
底尖比(％)	—	—	—	—	<1.0	1.0～1.9	2.0～4.0	>4.0	—
全深比(％)	<50.9	50.9～57.8	57.9～60.0	60.1～61.1	61.2～63.2	63.3～64.7	64.8～66.9	67.0～70.9	>70.9
$\alpha+\beta$(°)	—	<65.0	65.0～68.6	68.8～72.8	73.0--77.0	77.2～79.4	79.6～80.0	>80.0	—
星刻面长度比(％)	—	—	<40	40	45～65	70	>70	—	—
下腰面长度比(％)	—	—	<65	65	70～85	90	>90	—	—

七、台宽比＝55%

项目	差	一般	好	很好	极好	很好	好	一般	差
冠角(α)(°)	<20.0	20.0～21.6	21.8～26.0	26.2～31.0	31.2～36.0	36.2～38.8	39.0～40.0	40.2～41.4	>41.4
亭角(β)(°)	<37.4	37.4～38.4	38.6～39.6	39.8～40.4	40.6～41.8	42.0～42.4	42.6～43.0	43.2～44.0	>44.0
冠高比(%)	<7.0	7.0～8.5	9.0～10.0	10.5～11.5	12.0～17.0	17.5～18.0	18.5～19.5	20.0～21.0	>21.0
亭深比(%)	<38.0	38.0～39.5	40.0～41.0	41.5～42.0	42.5～44.5	45.0	45.5～46.5	47.0～48.0	>48.0
腰厚比(%)	—	—	<2.0	2.0	2.5～4.5	5.0～5.5	6.0～7.5	8.0～10.5	>10.5
腰厚	—	—	极薄	很薄	薄—稍厚	厚	很厚	极厚	极厚
底尖比(%)	—	—	—	—	<1.0	1.0～1.9	2.0～4.0	>4.0	—
全深比(%)	<50.9	50.9～57.5	57.6～59.7	59.8～60.9	61.0～63.2	63.3～64.7	64.8～66.9	67.0～70.9	>70.9
α+β(°)	—	<65.0	65.0～68.6	68.8～72.8	73.0～77.0	77.2～79.4	79.6～80.0	>80.0	—
星刻面长度比(%)	—	—	<40	40	45～65	70	>70	—	—
下腰面长度比(%)	—	—	<65	65	70～85	90	>90	—	—

八、台宽比＝56%

项目	差	一般	好	很好	极好	很好	好	一般	差
冠角(α)(°)	<20.0	20.0～21.6	21.8～26.0	26.2～31.0	31.2～36.0	36.2～38.8	39.0～40.0	40.2～41.4	>41.4
亭角(β)(°)	<37.4	37.4～38.4	38.6～39.6	39.8～40.4	40.6～41.8	42.0～42.4	42.6～43.0	43.2～44.0	>44.0
冠高比(%)	<7.0	7.0～8.5	9.0～10.0	10.5～11.5	12.0～17.0	17.5～18.0	18.5～19.5	20.0～21.0	>21.0
亭深比(%)	<38.0	38.0～39.5	40.0～41.0	41.5～42.0	42.5～44.5	45.0	45.5～46.5	47.0～48.0	>48.0
腰厚比(%)	—	—	<2.0	2.0	2.5～4.5	5.0～5.5	6.0～7.5	8.0～10.5	>10.5
腰厚	—	—	极薄	很薄	薄—稍厚	厚	很厚	极厚	极厚
底尖比(%)	—	—	—	—	<1.0	1.0～1.9	2.0～4.0	>4.0	—
全深比(%)	<50.9	50.9～57.3	57.4～59.5	59.6～60.6	60.7～63.2	63.3～64.7	64.8～66.9	67.0～70.9	>70.9
α+β(°)	—	<65.0	65.0～68.6	68.8～72.8	73.0～77.0	77.2～79.2	79.4～80.0	>80.0	—
星刻面长度比(%)	—	—	<40	40	45～65	70	>70	—	—
下腰面长度比(%)	—	—	<65	65	70～85	90	>90	—	—

九、台宽比＝57%

项目	差	一般	好	很好	极好	很好	好	一般	差
冠角(α)(°)	<20.0	20.0~22.0	22.2~26.0	26.2~31.0	31.2~36.0	36.2~38.8	39.0~40.0	40.2~41.4	>41.4
亭角(β)(°)	<37.4	37.4~38.4	38.6~39.6	39.8~40.4	40.6~41.8	42.0~42.4	42.6~43.0	43.2~44.0	>44.0
冠高比(%)	<7.0	7.0~8.5	9.0~10.0	10.5~11.5	12.0~17.0	17.5~18.0	18.5~19.5	20.0~21.0	>21.0
亭深比(%)	<38.0	38.0~39.5	40.0~41.0	41.5~42.0	42.5~44.5	45.0	45.5~46.5	47.0~48.0	>48.0
腰厚比(%)	—	—	<2.0	2.0	2.5~4.5	5.0~5.5	6.0~7.5	8.0~10.5	>10.5
腰厚	—	—	极薄	很薄	薄-稍厚	厚	很厚	极厚	极厚
底尖比(%)	—	—	—	—	<1.0	1.0~1.9	2.0~4.0	>4.0	—
全深比(%)	<50.9	50.9~57.0	57.1~58.3	58.4~60.0	60.1~63.2	63.3~64.5	64.6~66.9	67.0~70.9	>70.9
α+β(°)	—	<65.0	65.0~68.6	68.8~72.8	73.0~77.0	77.2~78.8	79.0~80.0	>80.0	—
星刻面长度比(%)	—	—	<40	40	45~65	70	>70	—	—
下腰面长度比(%)	—	—	<65	65	70~85	90	>90	—	—

十、台宽比＝58%

项目	差	一般	好	很好	极好	很好	好	一般	差
冠角(α)(°)	<20.0	20.0~22.6	22.8~26.0	26.2~31.0	31.2~36.0	36.2~38.2	38.4~40.0	40.2~41.4	>41.4
亭角(β)(°)	<37.4	37.4~38.4	38.6~39.6	40.0~40.4	40.6~41.8	42.0~42.4	42.6~43.0	43.2~44.0	>44.0
冠高比(%)	<7.0	7.0~8.5	9.0~10.0	10.5~11.5	12.0~17.0	17.5~18.0	18.5~19.5	20.0~21.0	>21.0
亭深比(%)	<38.0	38.0~39.5	40.0~41.5	42.0	42.5~44.5	45.0	45.5~46.5	47.0~48.0	>48.0
腰厚比(%)	—	—	<2.0	2.0	2.5~4.5	5.0~5.5	6.0~7.5	8.0~10.5	>10.5
腰厚	—	—	极薄	很薄	薄-稍厚	厚	很厚	极厚	极厚
底尖比(%)	—	—	—	—	<1.0	1.0~1.9	2.0~4.0	>4.0	—
全深比(%)	<50.9	50.9~56.8	56.9~59.1	59.2~59.8	59.9~63.2	63.3~64.5	64.6~66.9	67.0~70.9	>70.9
α+β(°)	—	<65.0	65.0~68.6	68.8~72.8	73.0~77.0	77.2~78.6	78.8~80.0	>80.0	—
星刻面长度比(%)	—	—	<40	40	45~65	70	>70	—	—
下腰面长度比(%)	—	—	<65	65	70~85	90	>90	—	—

十一、台宽比＝59%

项目	差	一般	好	很好	极好	很好	好	一般	差
冠角(α)(°)	<20.0	20.0~23.0	23.2~26.6	26.8~31.0	31.2~36.0	36.2~38.2	38.4~40.0	40.2~41.4	>41.4
亭角(β)(°)	<37.4	37.4~38.4	38.6~39.8	40.0~40.4	40.6~41.8	42.0~42.4	42.6~43.0	43.2~44.0	>44.0
冠高比(%)	<7.0	7.0~8.5	9.0~10.0	10.5~11.5	12.0~17.0	17.5~18.0	18.5~19.5	20.0~21.0	>21.0
亭深比(%)	<38.0	38.0~39.5	40.0~41.5	42.0	42.5~44.5	45.0	45.5~46.5	47.0~48.0	>48.0
腰厚比(%)	—	—	<2.0	2.0	2.5~4.5	5.0~5.5	6.0~7.5	8.0~10.5	>10.5
腰厚	—	—	极薄	很薄	薄—稍厚	厚	很厚	极厚	极厚
底尖比(%)	—	—	—	—	<1.0	1.0~1.9	2.0~4.0	>4.0	—
全深比(%)	<50.9	50.9~56.4	56.5~58.7	58.8~59.6	59.7~63.2	63.3~64.5	64.6~66.9	67.0~70.9	>70.9
α+β(°)	—	<65.0	65.0~68.6	68.8~72.8	73.0~77.0	77.2~78.2	78.4~80.0	>80.0	—
星刻面长度比(%)	—	—	<40	40	45~65	70	>70	—	—
下腰面长度比(%)	—	—	<65	65	70~85	90	>90	—	—

十二、台宽比＝60%

项目	差	一般	好	很好	极好	很好	好	一般	差
冠角(α)(°)	<20.0	20.0~23.6	23.8~27.0	27.2~31.0	31.2~35.8	36.0~37.6	37.8~40.0	40.2~41.4	>41.4
亭角(β)(°)	<37.4	37.4~38.4	38.6~40.0	40.2~40.6	40.8~41.8	42.0~42.2	42.4~43.0	43.2~44.0	>44.0
冠高比(%)	<7.0	7.0~8.5	9.0~10.0	10.5~11.5	12.0~17.0	17.5~18.0	18.5~19.5	20.0~21.0	>21.0
亭深比(%)	<38.0	38.0~39.5	40.0~41.5	42.0	42.5~44.5	45.0	45.5~46.5	47.0~48.0	>48.0
腰厚比(%)	—	—	<2.0	2.0	2.5~4.5	5.0~5.5	6.0~7.5	8.0~10.5	>10.5
腰厚	—	—	极薄	很薄	薄—稍厚	厚	很厚	极厚	极厚
底尖比(%)	—	—	—	—	<1.0	1.0~1.9	2.0~4.0	>4.0	—
全深比(%)	<50.9	50.9~56.2	56.3~58.0	58.1~58.4	58.5~63.2	63.3~64.5	64.6~66.9	67.0~70.9	>70.9
α+β(°)	—	<65.0	65.0~68.6	68.8~72.8	73.0~77.0	77.2~77.8	78.0~80.0	>80.0	—
星刻面长度比(%)	—	—	<40	40	45~65	70	>70	—	—
下腰面长度比(%)	—	—	<65	65	70~85	90	>90	—	—

十三、台宽比＝61％

项目	差	一般	好	很好	极好	很好	好	一般	差
冠角(α)(°)	<20.0	20.0~24.0	24.2~27.6	27.8~32.0	32.2~35.6	35.8~37.6	37.8~40.0	40.2~41.4	>41.4
亭角(β)(°)	<37.4	37.4~38.8	39.0~40.2	40.4~40.6	40.8~41.8	42.0~42.2	42.4~43.0	43.2~44.0	>44.0
冠高比(％)	<7.0	7.0~8.5	9.0~10.0	10.5~11.5	12.0~17.0	17.5~18.0	18.5~19.5	20.0~21.0	>21.0
亭深比(％)	<38.0	38.0~40.0	40.5~41.5	42.0	42.5~44.5	45.0	45.5~46.5	47.0~48.0	>48.0
腰厚比(％)	—	—	<2.0	2.0	2.5~4.5	5.0~5.5	6.0~7.5	8.0~10.5	>10.5
腰厚	—	—	极薄	很薄	薄—稍厚	厚	很厚	极厚	极厚
底尖比(％)	—	—	—	—	<1.0	1.0~1.9	2.0~4.0	>4.0	—
全深比(％)	<50.9	50.9~56.0	56.1~57.7	57.8~58.4	58.5~63.2	63.3~64.5	64.6~66.9	67.0~70.9	>70.9
α＋β(°)	—	<65.0	65.0~68.6	68.8~72.8	73.0~77.0	77.2~77.6	77.8~80.0	>80.0	—
星刻面长度比(％)	—	—	<40	40	45~65	70	>70	—	—
下腰面长度比(％)	—	—	<65	65	70~85	90	>90	—	—

十四、台宽比＝62％

项目	差	一般	好	很好	极好	很好	好	一般	差
冠角(α)(°)	<20.0	20.0~24.6	24.8~28.0	28.2~32.6	32.8~35.0	35.2~36.8	37.0~40.0	40.2~41.4	>41.4
亭角(β)(°)	<37.4	37.4~39.0	39.2~40.4	40.6~40.8	41.0~41.6	41.8~42.2	42.4~43.0	43.2~44.0	>44.0
冠高比(％)	<7.0	7.0~8.5	9.0~10.0	10.5~11.5	12.0~17.0	17.5~18.0	18.5~19.5	20.0~21.0	>21.0
亭深比(％)	<38.0	38.0~40.5	41.0~41.5	42.0	42.5~44.5	45.0	45.5~46.5	47.0~48.0	>48.0
腰厚比(％)	—	—	<2.0	2.0	2.5~4.5	5.0~5.5	6.0~7.5	8.0~10.5	>10.5
腰厚	—	—	极薄	很薄	薄—稍厚	厚	很厚	极厚	极厚
底尖比(％)	—	—	—	—	<1.0	1.0~1.9	2.0~4.0	>4.0	—
全深比(％)	<50.9	50.9~55.7	55.8~57.3	57.4~58.4	58.5~63.2	63.3~64.5	64.6~66.9	67.0~70.9	>70.9
α＋β(°)	—	<65.0	65.0~68.6	68.8~72.8	73.0~77.0	77.2~77.4	77.6~80.0	>80.0	—
星刻面长度比(％)	—	—	<40	40	45~65	70	>70	—	—
下腰面长度比(％)	—	—	<65	65	70~85	90	>90	—	—

十五、台宽比＝63%

项目	差	一般	好	很好	好	一般	差
冠角(α)(°)	<20.0	20.0～25.0	25.2～28.6	28.8～36.2	36.4～40.0	40.2～41.4	>41.4
亭角(β)(°)	<37.4	37.4～38.8	39.0～40.4	40.6～42.0	42.2～43.0	43.2～44.0	>44.0
冠高比(%)	<7.0	7.0～8.5	9.0～10.0	10.5～18.0	18.5～19.5	20.0～21.0	>21.0
亭深比(%)	<38.0	38.0～40.0	40.5～42.0	42.5～45.0	45.5～46.5	47.0～48.0	>48.0
腰厚比(%)	—	—	<2.0	2.0～5.5	6.0～7.5	8.0～10.5	>10.5
腰厚	—	—	极薄	很薄—厚	很厚	极厚	极厚
底尖比(%)	—	—	—	<2.0	2.0～4.0	>4.0	—
全深比(%)	<50.9	50.9～55.4	55.5～56.8	56.9～64.5	64.6～66.9	67.0～70.9	>70.9
α+β(°)	—	<65.0	65.2～68.6	68.8～76.8	77.0～80.0	>80.0	—
星刻面长度比(%)	—	—	<40	40～70	>70	—	—
下腰面长度比(%)	—	—	<65	65～90	>90	—	—

十六、台宽比＝64%

项目	差	一般	好	很好	好	一般	差
冠角(α)(°)	<20.0	20.0～25.8	26.0～29.8	30.0～35.8	36.0～40.0	40.2～41.4	>41.4
亭角(β)(°)	<37.4	37.4～39.2	39.4～40.6	40.8～42.0	42.2～43.0	43.2～44.0	>44.0
冠高比(%)	<7.0	7.0～8.5	9.0～10.0	10.5～18.0	18.5～19.5	20.0～21.0	>21.0
亭深比(%)	<38.0	38.0～40.5	41.0～42.5	43.0～45.0	45.5～46.5	47.0～48.0	>48.0
腰厚比(%)	—	—	<2.0	2.0～5.5	6.0～7.5	8.0～10.5	>10.5
腰厚	—	—	极薄	很薄—厚	很厚	极厚	极厚
底尖比(%)	—	—	—	<2.0	2.0～4.0	>4.0	—
全深比(%)	<50.9	50.9～55.2	55.3～56.6	56.7～64.5	64.6～66.9	67.0～70.9	>70.9
α+β(°)	—	<65.0	65.2～68.6	68.8～76.6	76.8～80.0	>80.0	—
星刻面长度比(%)	—	—	<40	40～70	>70	—	—
下腰面长度比(%)	—	—	<65	65～90	>90	—	—

十七、台宽比＝65%

项目	差	一般	好	很好	好	一般	差
冠角(α)(°)	<20.0	20.0~26.8	27.0~30.4	30.6~35.0	35.2~40.0	40.2~41.4	>41.4
亭角(β)(°)	<37.4	37.4~39.4	39.6~40.8	41.0~42.0	42.2~43.0	43.2~44.0	>44.0
冠高比(%)	<7.0	7.0~8.5	9.0~10.0	10.5~18.0	18.5~19.5	20.0~21.0	>21.0
亭深比(%)	<38.0	38.0~41.0	41.5~42.5	43.0~45.0	45.5~46.5	47.0~48.0	>48.0
腰厚比(%)	—	—	<2.0	2.0~5.5	6.0~7.5	8.0~10.5	>10.5
腰厚	—	—	极薄	很薄—厚	很厚	极厚	极厚
底尖比(%)	—	—	—	<2.0	2.0~4.0	>4.0	—
全深比(%)	<50.9	50.9~54.9	55.0~56.4	56.5~64.5	64.6~66.9	67.0~70.9	>70.9
α+β(°)	—	<65.0	65.0~68.6	68.8~76.2	76.4~80.0	>80.0	—
星刻面长度比(%)	—	—	<40	40~70	>70	—	—
下腰面长度比(%)	—	—	<65	65~90	>90	—	—

十八、台宽比＝66%

项目	差	一般	好	很好	好	一般	差
冠角(α)(°)	<22.0	22.0~27.0	27.2~31.4	31.6~34.4	34.6~40.0	40.2~41.4	>41.4
亭角(β)(°)	<37.4	37.4~39.6	39.8~40.8	41.0~42.0	42.2~43.0	43.2~44.0	>44.0
冠高比(%)	<7.0	7.0~8.5	9.0~10.0	10.5~18.0	18.5~19.5	20.0~21.0	>21.0
亭深比(%)	<38.0	38.0~41.0	41.5~42.5	43.0~45.0	45.5~46.5	47.0~48.0	>48.0
腰厚比(%)	—	—	<2.0	2.0~5.5	6.0~7.5	8.0~10.5	>10.5
腰厚	—	—	极薄	很薄—厚	很厚	极厚	极厚
底尖比(%)	—	—	—	<2.0	2.0~4.0	>4.0	—
全深比(%)	<50.9	50.9~54.8	54.9~56.2	56.3~64.5	64.6~66.9	67.0~70.9	>70.9
α+β(°)	—	<65.0	65.0~68.6	68.8~75.8	76.4~80.0	>80.0	—
星刻面长度比(%)	—	—	<40	40~70	>70	—	—
下腰面长度比(%)	—	—	<65	65~90	>90	—	—

十九、台宽比＝67％

项目	差	一般	好	一般	差
冠角(α)(°)	<22.0	22.0～27.6	27.8～40.0	40.2～41.4	>41.4
亭角(β)(°)	<37.4	37.4～39.6	39.8～43.0	43.2～44.0	>44.0
冠高比(％)	<7.0	7.0～8.5	9.0～19.5	20.0～21.0	>21.0
亭深比(％)	<38.0	38.0～41.0	41.5～46.5	47.0～48.0	>48.0
腰厚比(％)	—	—	<7.5	7.5～10.5	>10.5
腰厚	—	—	极薄—很厚	极厚	极厚
底尖比(％)	—	—	≤4.0	>4.0	—
全深比(％)	<50.9	50.9～54.6	54.7～66.9	67.0～70.9	>70.9
α+β(°)	—	<65.0	65.0～80.0	>80.0	—
星刻面长度比(％)	—	—	—	—	—
下腰面长度比(％)	—	—	—	—	—

二十、台宽比＝68％

项目	差	一般	好	一般	差
冠角(α)(°)	<23.0	23.0～28.6	28.8～40.0	40.2～41.4	>41.4
亭角(β)(°)	<37.4	37.4～39.8	40.0～43.0	43.2～44.0	>44.0
冠高比(％)	<7.0	7.0～8.5	9.0～19.5	20.0～21.0	>21.0
亭深比(％)	<38.0	38.0～41.5	42.0～46.5	47.0～48.0	>48.0
腰厚比(％)	—	—	<7.5	7.5～10.5	>10.5
腰厚	—	—	极薄—很厚	极厚	极厚
底尖比(％)	—	—	≤4.0	>4.0	—
全深比(％)	<50.9	50.9～54.4	54.5～66.9	67.0～70.9	>70.9
α+β(°)	—	<68.0	68.0～80.0	>80.0	—
星刻面长度比(％)	—	—	—	—	—
下腰面长度比(％)	—	—	—	—	—

二十一、台宽比＝69%

项目	差	一般	好	一般	差
冠角(α)(°)	<24.0	24.0～29.0	29.2～40.0	40.2～41.4	>41.4
亭角(β)(°)	<37.4	37.4～40.0	40.2～43.0	43.2～44.0	>44.0
冠高比(%)	<7.0	7.0～8.5	9.0～19.5	20.0～21.0	>21.0
亭深比(%)	<38.0	38.0～42.0	42.5～46.5	47.0～48.0	>48.0
腰厚比(%)	—	—	<7.5	7.5～10.5	>10.5
腰厚	—	—	极薄—很厚	极厚	极厚
底尖比(%)	—	—	≤4.0	>4.0	—
全深比(%)	<50.9	50.9～54.2	54.3～66.9	67.0～70.9	>70.9
α＋β(°)	—	<65.0	65.0～80.0	>80.0	—
星刻面长度比(%)	—	—	—	—	—
下腰面长度比(%)	—	—	—	—	—

二十二、台宽比＝70%

项目	差	一般	好	一般	差
冠角(α)(°)	<24.0	24.0～29.0	29.2～40.0	40.2～41.4	>41.4
亭角(β)(°)	<37.4	37.4～40.0	40.2～43.0	43.2～44.0	>44.0
冠高比(%)	<7.0	7.0～8.5	9.0～19.5	20.0～21.0	>21.0
亭深比(%)	<38.0	38.0～42.0	42.5～46.5	47.0～48.0	>48.0
腰厚比(%)	—	—	<7.5	7.5～10.5	>10.5
腰厚	—	—	极薄—很厚	极厚	极厚
底尖比(%)	—	—	≤4.0	>4.0	—
全深比(%)	<50.9	50.9～54.0	54.1～66.9	67.0～70.9	>70.9
α＋β(°)	—	<65.0	65.0～80.0	>80.0	—
星刻面长度比(%)	—	—	—	—	—
下腰面长度比(%)	—	—	—	—	—

二十三、台宽比＝71%～72%

项目	差	一般	差
冠角(α)(°)	<24.0	24.0～41.4	>41.4
亭角(β)(°)	<37.4	37.4～44.0	>44.0
冠高比(%)	<7.0	7.0～21.0	>21.0
亭深比(%)	<38.0	38.0～48.0	>48.0
腰厚比(%)	—	≤10.5	>10.5
腰厚	—	极薄—极厚	极厚
底尖比(%)	—	—	—
全深比(%)	<50.9	50.9～70.9	>70.9
$\alpha+\beta$(°)	—	—	—
星刻面长度比(%)	—	—	—
下腰面长度比(%)	—	—	—

附录四　钻石建议克拉质量表

标准圆钻型切工钻石的平均直径对应的建议克拉质量详见表 4-1。

附表 4-1　钻石建议克拉质量表

平均直径(mm)	建议克拉质量(ct)	平均直径(mm)	建议克拉质量(ct)
2.9	0.09	3.0	0.10
3.1	0.11	3.2	0.12
3.3	0.13	3.4	0.14
3.5	0.15	3.6	0.17
3.7	0.18	3.8	0.20
3.9	0.21	4.0	0.23
4.1	0.25	4.2	0.27
4.3	0.29	4.4	0.31
4.5	0.33	4.6	0.35
4.7	0.37	4.8	0.40
4.9	0.42	5.0	0.45
5.1	0.48	5.2	0.50
5.3	0.53	5.4	0.57
5.5	0.60	5.6	0.63
5.7	0.66	5.8	0.70
5.9	0.74	6.0	0.78
6.1	0.81	6.2	0.86
6.3	0.90	6.4	0.94
6.5	1.00	6.6	1.03
6.7	1.08	6.8	1.13

续表

平均直径(mm)	建议克拉质量(ct)	平均直径(mm)	建议克拉质量(ct)
6.9	1.18	7.0	1.23
7.1	1.33	7.2	1.39
7.3	1.45	7.4	1.51
7.5	1.57	7.6	1.63
7.7	1.70	7.8	1.77
7.9	1.83	8.0	1.91
8.1	1.98	8.2	2.05
8.3	2.13	8.4	2.21
8.5	2.29	8.6	2.37
8.7	2.45	8.8	2.54
8.9	2.62	9.0	2.71
9.1	2.80	9.2	2.90
9.3	2.99	9.4	3.09
9.5	3.19	9.6	3.29
9.7	3.40	9.8	3.50
9.9	3.61	10.0	3.72
10.1	3.83	10.2	3.95
10.3	4.07	10.4	4.19
10.5	4.31	10.6	4.43
10.7	4.56	10.8	4.69
10.9	4.82	11.0	4.95

注:计算得出的平均直径,按照数字修约国家标准,修约至0.1mm,从本表查得钻石建议质量。